醫學博士 **松生恒夫**──監修
料理家 **YOSHIRO**──示範

U0055964

一日三餐 瘦腸✕控醣料理

80 道提升代謝力及免疫力的美味提案

悦知文化

前言

便祕是許多人共同的煩惱。

有些人甚至已經習慣這種慢性症狀，總是以成藥解決。「我的體質天生就是這樣，只能和便祕和平相處一輩子了。」你是否也像這樣自暴自棄了呢？其實腸道狀況，是會隨著日常習慣與飲食生活而改變的。

想要盡情享用許多美食，就努力培養出不會堆積食物、能迅速排毒的腸道吧！這就是吃了美食也「易瘦的腸道」。

腸道狀態是全身健康與美的指標。
只要每天按照本書食譜用餐，就能夠慢慢改變體質，體驗易瘦的快感──身體更輕盈、腹部多餘的脂肪消失了、腰身也更加纖細！

此外，本書大力推薦的瘦腸飲食──「地中海和食」，可說是由日式食材與橄欖油共同呈現的時尚美味。只要持之以恆，勢必會迎來成功。

想要在短時間內集中瘦身時，就請參考 Part 3 提供的方案，這些方案均是由瘦腸飲食與現今最熱門的控醣瘦身法搭配而成。以往的控醣瘦身很容易造成「便祕」與「肌膚粗糙」的問題，本書分享的各種方案，就是為了想辦法解決這些困擾。

控醣最誘人的魅力，在於能夠食用大量的肉類，但有時卻容易造成蔬菜類的營養攝取不足，且蛋白質攝取過多，容易對腸胃造成相當大的負擔。本書特別設計的瘦腸與控醣食譜，能夠幫助大家在控醣之餘，也能攝取充足的膳食纖維。

腸道會伴隨自己一輩子，所以請立即重新審視自己的飲食狀況，從現在開始改革吧！一定會帶來更理想的體態與更健康、輕盈的身體。

松生診所院長　松生恒夫

CONTENTS

Part 1
用發酵食品×橄欖油
打造一日三餐的
每日瘦腸食譜

【早餐瘦腸！迅速完成的美味輕食】

【能量滿滿的飽足感主食】

Part 2
目標 1 天 20g！
大量膳食纖維的午晚餐

Part 3
瘦腸×控醣活動！
真正的瘦身方案

本書閱讀規則

■ 材料基本上都是兩人份。

■ 1 小匙為 5ml、1 大匙為 15ml，1 杯為 200ml。

■ 作法中沒有特別標示火候時，請以中火調理。

■ 微波爐的加熱時間，是依 600W 機型設定，使用 500W 微波爐時，時間應調為 1.2 倍。此外，實際加熱時間會依機型而異，請視情況調整。

■ 本書使用的平底鍋皆為不沾鍋。

■ 高湯是用昆布與柴魚片熬成的和風高湯（可直接使用市售商品）。

■ 蔬菜類（含菇類與豆類）未特別標示時，都已經過清洗與削皮等前置作業。

■ 本書中所標示的「不含醣」，包含醣類含量為 0.5g 以下。

開始執行打造易瘦腸的
瘦腸生活。

吃得開心又能夠把腸內清乾淨，
正是易瘦腸最迷人的機制！

腸道又稱為人體的「第二大腦」，總是全力以赴工作著。腸道不僅負責吸收養分與水分，還會藉由新陳代謝排出體內的老舊廢物。此外，腸道也具備免疫功能，能夠將入侵體內的異物、細菌與病毒等趕出體外。

想要整頓出充分發揮機能的腸道，就必須攝取能讓腸道活力十足的食材。積極攝取發酵食品、膳食纖維與優質油脂等，有助於增加腸內益菌、減少壞菌，提升體內的代謝功能。所以讓我們一起打造「易瘦腸」，將老舊廢物排得一乾二淨，整頓出絕佳的身體狀況吧！

你是**肥胖腸**？還是**易瘦腸**？

腸內環境對健康與美容都有莫大的影響，所以一起認識腸道機制，努力打造「易瘦腸」吧！

易瘦腸

- 均衡的飲食
- 規律的生活
- 適度的運動

↓

益菌增加

↓

不再便祕！

↓

將老舊廢物排得一乾二淨

↓

提升代謝與免疫力

↓

身材苗條！還有美肌效果！

肥胖腸

- 不規律的生活
- 挑食或不吃
- 過度的壓力

↓

壞菌增加

↓

開始便祕

↓

老舊廢物堆積在腸內

↓

代謝與免疫力變差

↓

代謝變差還容易發胖！

這就是能夠打造美腸的 「**地中海和食**」

味噌、納豆與醃漬物等發酵食品，是日本料理中不可或缺的要素。
用發酵食品搭配橄欖油與大量蔬菜，所打造的地中海式飲食，正是能
夠讓腸道精神飽滿的「地中海和食」！

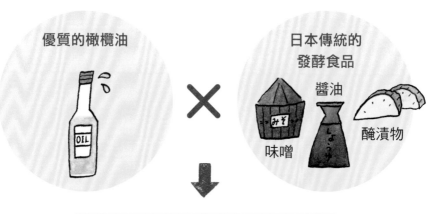

優質的橄欖油　×　日本傳統的發酵食品

味噌　醬油　醃漬物

打造出每天都很清爽的易瘦腸！

簡直數不完的好處！
兼顧健康、滋味與視覺效果的絕妙新美食

「地中海和食」最誘人的魅力就是能夠打造出「美腸」，但
是滋味也不容小覷。本書即用日式食材搭配橄欖油或西式調
理法，讓健康食譜搖身一變成為時尚餐點，這些混血的新菜
色，猶如日本酒吧或創作料理居酒屋供應的美食。只要滋味
與外觀都新鮮又美味，就能夠持之以恆呢。

搭配含豐富**膳食纖維**或**植化素**的食材，能夠帶來莫大的效果。

膳食纖維是腸內好菌的糧食，「植化素」則可清除體內自由基、提高免疫力。攝取富含這些養分的食材，就能夠提升腸道的工作能量。

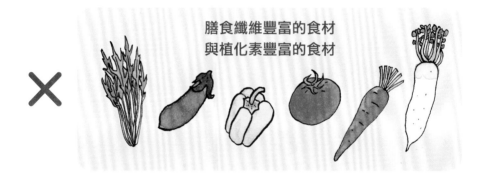

膳食纖維豐富的食材
與植化素豐富的食材

富含膳食纖維的
食材有哪些？
➡ 請參閱 P84

富含植化素的
食材有哪些？
➡ 請參閱 P16

膳食纖維食材一覽表

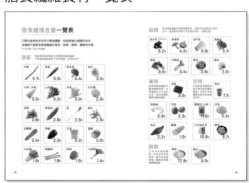

POINT 01 食用**發酵食品**

味噌、納豆與泡菜等發酵食品是植物性乳酸菌的寶庫！

醃漬物、醬油、味噌與納豆等日本傳統發酵食品，以及泡菜、德國酸菜等發酵食品，都含有豐富的植物性乳酸菌。

相較於乳製品等內含動物性乳酸菌的食材，植物性乳酸菌的生命力更強。植物性乳酸菌都生長於低營養且高鹽分的環境之下，能抵抗胃酸影響與溫度的變化，因此較容易活著到達腸道。到達腸道的乳酸菌能夠增加益菌量，幫助我們整頓腸內環境。

代表性的發酵食品

 味噌

 鹽麴

 醃漬物

 醬油

 納豆

 起司

 甘酒

 泡菜

➡ 詳細解說與發酵食品食譜請參照 Part 1（p.26）

02 留意**乳酸菌**的攝取！

起司與優格等動物性乳酸菌，能夠使大腸保持酸性

乳製品的動物性乳酸菌較好消化吸收，雖然比植物性乳酸菌更不耐胃酸，仍可成為腸道內益菌的糧食。此外，少數能夠活著到達腸道的動物性乳酸菌，會在腸內產生大量乳酸，使腸內呈弱酸性，整頓出益菌活力充沛的腸道環境。

食用起司與優格吃進的除了乳酸菌外，還有優質蛋白質與鈣質，所以減重時可以選擇低脂、低糖的起司與優格。

動物性乳酸菌

優格
請選擇低脂或無脂且不加糖的優格。除了直接享用外，也可當成料理的拌醬，或是製成甜點。

起司
含有大量動物性乳酸菌，缺點是含有相當多的鹽分與動物性脂肪，所以請選擇含脂量較低的天然起司，例如，莫札瑞拉、茅屋起司等。

植物性乳酸菌

泡菜與醃漬物
經過確實乳酸發酵的泡菜與醃漬物裡，平均每 1g 就含有 1 億個以上的植物性乳酸菌。但是這類食品的鹽分較高，要避免食用過量。

POINT
03 攝取大量**橄欖油**

吃進腸內有助於通便，還可以發揮強大的抗氧化作用

特級初榨（EXV）橄欖油，是油品中抗氧化效果最強的一種，且不容易被小腸吸收，能夠留在小腸中增加腸管滑順度；另外，還可促進大腸活動，有助於消除便祕。

橄欖油富含能夠減少血液中壞膽固醇的油酸、有助於預防老化的維生素 E 與多酚。據說，橄欖油還具有清血、預防大腸癌、抗老化與美肌的效果，不僅能夠照顧腸道環境，還可讓全身都精力充沛，是種極具魅力的食材。

特級初榨橄欖油這些優點超驚人！

抗氧化作用

自由基會使身體生鏽，造成疾病與老化。特級初榨橄欖油含有豐富的抗氧化物質，能夠去除自由基。

多酚

特級初榨橄欖油內含的多酚，除了能夠帶來橄欖油獨特的滋味與香氣，還可去除體內自由基的毒性。

油酸

屬於不飽和脂肪酸的油酸，近年格外受到矚目。油酸能夠減少血液中的壞膽固醇、預防癌症與各種文明病。

如何選購特級初榨的橄欖油
比純橄欖油香的特級初榨橄欖油，具有高度營養價值！

橄欖油的種類五花八門，這邊建議選購的是特級初榨。純橄欖油經過精製加工，較缺乏橄欖油獨特的氣味與香氣，口感也比較平凡。這是因為橄欖油的氣味與香氣源自於多酚，而多酚在加工過程中會逐漸消失所造成的。但是特級初榨橄欖油內含的多酚高達 32 種！不僅能夠整頓腸內環境，還有助於預防身體各處的疾病。

04 攝取**膳食纖維**豐富的食材

**1 天應攝取 20g 的膳食纖維，
但是沒注意時可能連 10g 都沒有……**

少吃 1 餐
就少攝取約 5g……！

蔬菜、菇類、豆類與海藻等富含膳食纖維，既可改善便祕還能成為腸內益菌的食材，有助於整頓腸內環境。此外，還能預防過量飲食、抑制血糖值的上升。

膳食纖維分為穀類、薯類與根莖類，富含非水溶性的膳食纖維，還有柑橘類等蔬果，海藻、蒟蒻等富含水溶性的膳食纖維。最均衡的攝取比例為，非水溶性：水溶性＝ 2：1，能夠改善慢性便祕與糞便品質。

含有豐富膳食纖維的助排便食材

 青花菜　　 竹筍　　 甜豆　　 醜豆

 菠菜　　 山茼蒿　　 蓮藕　　 豆渣

 小松菜　　 秋葵　　 菇類　　 納豆

 甜椒　　 白花椰　　 番薯　　 鷹嘴豆

 牛蒡　　 青苦瓜　　 芋頭　　 綜合豆
（鷹嘴豆、豌豆、紅豌豆）

 綠蘆筍　　 蔥　　 山藥　　 糯麥

 青椒　　 水菜　　 蒟蒻　　 糙米

 南瓜　　 胡蘿蔔　　 蒟蒻絲

 豆苗　　大頭菜

➡ **目標 1 天 20g！
詳細的膳食纖維一覽表
請參照 p.84。**

05 攝取富含**維生素 C**
與**植化素**的食材！

蔬菜擁有的抗氧化作用，
能改善腸內環境，一起努力打造易瘦腸吧！

造成體內「生鏽」的自由基，是腸內環境惡化的元凶。而植化素即具有強大的抗氧化作用，能夠擊退自由基守護身體、提高免疫力，使腸道更充滿活力。

此外同樣具有抗氧化作用的維生素 C，在腸內受到分解時會產生氣體，有助於促進腸道蠕動。

富含植化素或維生素 C 的蔬果有甜椒、青花菜、洋蔥、高麗菜、葡萄柚與奇異果，搭配特級初榨橄欖油的話效果會更好。

富含維生素 C 的食材

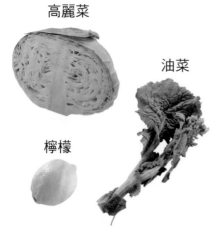

高麗菜

油菜

檸檬

富含植化素的食材

胡蘿蔔

茄子

白蘿蔔

番茄

菠菜

甜椒（黃）

維生素 C 不僅具有美白效果，還能夠活化腸胃蠕動、消除壓力。人體承受壓力時會消耗大量維生素 C，所以平常必須特別重視蔬果的攝取。

植化素是蔬果內含的抗氧化物質。雖然人體本身就會分泌抗氧化酵素，能夠消除體內自由基的毒性，但這個機能會隨著年齡增長減弱。想要補充身體所需的植化素，建議將食材加熱後大量食用。

06 攝取富含**鎂**、**鈣**的食材

日常多留意有助於解除便祕的鎂，以及能夠保護腸道的鈣

從市面上會以氧化鎂製成瀉藥來看，即可知道鎂具有重要整腸效果的成分。鎂進到小腸後會被吸收 25 ～ 60%，接著會在大腸被吸乾水分，達到軟便的效果。此外，鎂還是保護大腸黏膜、讓腸道更有活力的重要養分。

但是只攝取鎂的話，卻只能發揮一半的功效，為了使體內保持礦物質平衡，同時也必須攝取充足的鈣，若搭配富含維生素 C 或 D、水溶性膳食纖維的食物，就可以進一步提升吸收率。

富含鎂的食材

芝麻

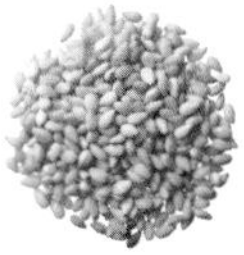

蛤蜊

豆腐

礦泉水
（硬水）

鹿尾菜

大麥

富含鈣的食材

魩仔魚（溼）

魩仔魚（乾）

優格

牛奶（低脂）

全魚

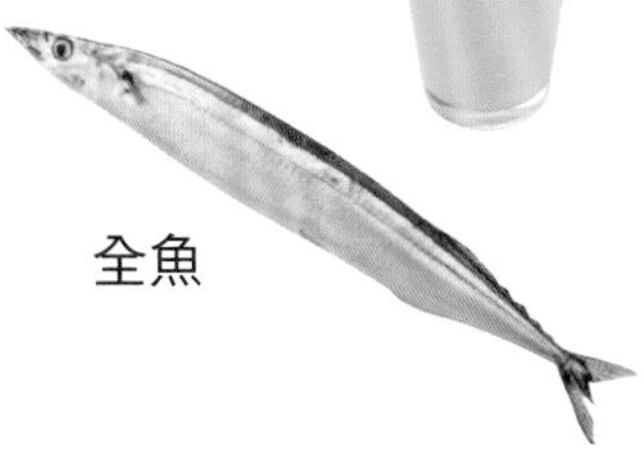

07 有效運用**辛香料**

有效攝取幫助腸道運作的辛香料或香草，
促進血液循環、溫暖腸道

吃咖哩的時候全身暖洋洋的，有時甚至到了會流汗的地步，相信每個人都有過這樣的經驗吧？這是因為咖哩使用了大量能溫暖身體的辛香料。許多辛香料都能促進血液循環與身體代謝、整頓腸胃的狀況，只要多認識幾種，就再也不怕會帶來手腳冰冷的便祕。請多善用這些辛香料，讓腸道更溫暖，藉此促進腸道運作。

能夠溫暖身體的辛香料包括肉桂、薑、肉荳蔻、薑黃與丁香，僅使用單種或是將多種搭配在一起都沒問題。

推薦的辛香料

這些辛香料不僅具有整腸作用，還能夠促進血液循環，提升新陳代謝。可以僅使用單種，也可以選擇用這些辛香料組成的「咖哩粉」。用餐時，也請仔細品味那宜人的香氣吧！

薑粉

薑黃

肉桂

羅勒

薄荷

黑胡椒

「咖哩」根本就是
能大口享用的中藥！

08 選擇**寡糖類**甜味劑

能夠成為比菲德氏菌等益菌的糧食，
增加益菌數量、改善腸內環境！

寡糖能夠促進益菌繁殖，整頓腸內環境。寡糖與一般糖分不同，不會被人體內的消化酵素分解，會直接維持原狀前往大腸，成為比菲德氏菌等的糧食讓排便更順暢，有助於改善便祕問題。

市面上，有販售糖漿狀或顆粒狀的寡糖甜味劑，雖然寡糖的熱量比砂糖低，但是甜度同樣偏低，所以用來代替砂糖時要注意別過度添加，只要調配出偏低的甜度即可，如果能搭配水果或膳食纖維豐富的食物，效果會更上一層樓。另外，像香蕉、寒天、洋蔥與大豆等，也都含有天然的寡糖。

- 不容易造成血糖值上升。
- 不會被小腸吸收，能夠傳遞到大腸！
- 能夠成為比菲德氏菌的糧食。

適合搭配寡糖的食物

優格

水果

可可

1 匙攝取 4.6g 的膳食纖維 !! 是 1 天的 1/4

可可的力量太強大！
用 1 大匙純可可粉泡成的可可飲品，含有多達 4.6g 的膳食纖維。假設一天要攝取 20g 的膳食纖維，那麼只要喝下這一匙，就達成 1/4 的目標了，再添加豆漿或寡糖的話，效果更加無敵！非常適合早晨享用。

*早晨
馬上見效！*

讓排便通順的水果寡糖
早晨是腸道的黃金時段，這時建議攝取水果寡糖促進腸道蠕動。只要選擇含有大量水溶性膳食纖維的奇異果或草莓，淋上適度的寡糖即可！建議將水果切成丁狀，再淋上寡糖即美味又易入口

咖啡與紅茶

POINT 09 攝取**充足水分**！

**1 天必須喝足 1.5 ～ 2L 的水，
才能夠溫暖腸道、軟化糞便！**

水分是活化腸道運作、排出壞菌與老舊廢物時，不可或缺的重要物質。非水溶性膳食纖維吸附老舊廢物後會形成糞便，而充足的水分能夠幫助軟便、增加糞便量，形成「容易排出的糞便」。

為此，必須重視攝取水分的種類與攝取方法。這裡不建議含有咖啡因的茶類或咖啡等，以及含有酒精、鹽分的飲品。1 天分成 8 ～ 10 次，慢慢飲用常溫的白開水，才是最適合促進腸道運作的飲用方法。

 1 天必須飲用多少水分呢？

一般情況下每天必須飲用 1.5 ～ 2L 的水。
並建議分成多次慢慢喝完。
有運動的話，就要再增加 500ml ～ 1L 的量。

 建議養成在什麼時段飲水的習慣呢？

早上起床後請先飲用 1 杯水，接下來三餐各 1 杯、早餐與午餐間 1 杯、午餐與晚餐間 1 杯、用完晚餐後 1 杯，睡前再 1 杯。
如此一來，就能夠攝取約 1.6L 的水分了。

 常溫水、冰水、溫熱水哪個比較好？

一口氣牛飲冰開水的話，幾乎會馬上化為尿液，無法被身體吸收，所以建議飲用溫水或溫熱水。此外一口一口慢慢喝，分成數口飲用，才是對腸道最好的飲水方法。

20

你的腸道呈現
什麼樣的狀態？
停滯腸自我檢視表

和自己的身體
聊一聊吧

首先，自我檢視看不見的腸道狀態吧！
雖然不到便祕的程度，但總覺得排便沒排乾淨，或是肚子脹脹的，就
很有可能屬於「停滯腸」。
只要檢視自己符合下列幾項，再搭配下一頁的診斷結果，就可以輕易
確認了！

□ 不喜歡吃的蔬菜很多，或是最近很少吃蔬菜。
□ 平常沒有食用無加工水果的習慣。
□ 三餐多半為外食或是經常吃超商等配菜。
□ 平常會留意不要攝取過多水分。
□ 用餐後小腹會突出。
□ 食量與進食次數不多，卻不知為何瘦不下來。
□ 有口臭的問題。
□ 正在努力減肥，卻始終改善不了小腹突出的問題。
□ 總覺得腸胃不清爽，或是覺得身體很沉重。
□ 排便後沒有暢快感。
□ 有便祕問題。
□ 運動量不足。
□ 最近覺得壓力大。
□ 經醫生確診為代謝症候群。

➡ 共計＿＿＿＿＿＿個

診斷結果
請參考下一頁

符合的 ☑ 為 **3個以下** ➡ 沒什麼問題。

食用本書的瘦腸食譜，就能夠在享用美食的同時，打造更健康的腸道環境。

符合的 ☑ 為 **4～5個** ➡ 有輕度「停滯腸」的可能性。

還只是輕度，所以現在立刻著手改善吧！
請在日常生活多加留意，努力消除這些項目。

符合的 ☑ 為 **6～8個** ➡ 中度「停滯腸」。

必須注意，三餐也應攝取更豐富的膳食纖維，所以請參考 Part 2 介紹的食譜吧。

符合的 ☑ 為 **9個以下** ➡ 不折不扣的「停滯腸」。

有可能已經在便祕了。除了要多攝取膳食纖維與發酵食品等，也要重新審視整體生活習慣。所以請立刻實踐本書介紹的瘦腸建議！

此外，

☐ 沒有便意。
☐ 不使用軟便劑或
　瀉藥就無法排便。

有這些狀況的人，可能已經是重度便祕了。
除了要改善生活習慣外，也請儘早尋求腸胃科等專科醫生的協助。

自我檢視後的
結果如何呢？

瘦腸生活豆知識 **Q&A**

用餐以外的生活習慣也會影響到腸道，接下來一起了解這些小知識，
透過日積月累的努力，打造出健康腸道環境。

Q 為什麼吸菸
可以幫助排便？

A 香菸裡的尼古丁能夠促進腸道
蠕動，所以會幫助排便、改善
便祕。很多人已經習慣飯後抽
一根菸，但是大家應該都知
道，吸菸會提高罹癌與心臟病
的風險，因此，便祕時請重新
審視自己的生活習慣，勿仰賴
尼古丁。

Q 藉藥物改善便祕
對身體好嗎？
還是會傷身呢？

A 每次便祕都靠藥物改善，其實對身體不
太好。有時只要修正飲食習慣就能夠改
善，所以請從飲食習慣著手吧！很多人
便祕的原因都是膳食纖維攝取不足，所
以建議 1 天食用 350g 的蔬菜、菇類或
海藻，以攝取達 20g 的膳食纖維。經
常便祕或腹瀉時，則有可能是腸胃生病
了，請接受專業醫生的診斷。

Q 可以藉喝酒
改善便祕嗎？

A 酒精內的有機酸會促進排便，但飲用過量
時可能會造成腹瀉。此外，酒精還有利尿
作用，可能會使身體過度排出已攝取的水
分，因此嚴禁飲酒過量。體內水分不足時
糞便會變硬，因此飲酒造成的脫水會使便
祕加劇，所以飲酒時也別忘了攝取不含酒
精的水分。

Q 睡眠不足 真的會造成便祕嗎？

A 人體主要在夜間製造糞便，胃部與小腸在睡眠時的活動週期為 90 分鐘，這段期間會將食物殘渣或腸內細菌殘骸等製成糞便，因此早上的胃部會空蕩蕩的。此時享用早餐會造成胃結腸反射、促進腸道蠕動，有助於排便。因此睡眠不足、不規律或品質不佳時，腸胃在睡眠中的活動就會受到干擾，成為便祕的原因之一。

Q 飲食以外，還要注意 哪些生活習慣？

A 建議養成能夠隨時進行散步的習慣。運動會刺激大腸運作、提升血液循環讓身體冒汗，進而強化新陳代謝。此外，運動帶來的放鬆效果，也會刺激副交感神經。因此建議每天散步 30 分鐘，直到身體稍微出汗為止。運動時最重要的就是放鬆心情，所以除了散步外，也可以選擇瑜伽、皮拉提斯、伸展運動或水中健走，不需要選擇太激烈的運動。

Q 有益腸道的泡澡法？

A 建議每週進行 1～2 次的「腸道按摩浴」。首先在浴缸裡放入可供半身浴的水，水溫約為 38 度，接著在泡澡時反覆執行下列動作 2～3 次：① 從下腹的右下側沿著骨盆往上輕揉、② 從肚臍偏右側揉往肚臍下，再揉往左側腹、③ 從左側腹沿著骨盆內側往下輕揉。若添加含有辣薄荷（有幫助排氣的效果）的入浴劑，效果會更上一層樓。

Part 1

用發酵食品╳橄欖油
打造一日三餐的每日瘦腸食譜

日本傳統食材中有許多很棒的發酵食品。
本書介紹的瘦腸關鍵，就在於用這些食品搭配橄欖油！
如此一來，不僅風味十足，新鮮的組合也讓用餐心情更愉悅，
並為三餐增添幾分時尚氣息。

發酵食品×橄欖油
讓瘦腸效果加倍
完美飲食法！

用日式發酵食品與橄欖油組成的「地中海和食」，不僅能活化腸道機能，加入少許的橄欖油，也能使吃慣的日式口味，搖身一變成為全新的料理。

能夠活著到達腸道、整頓腸內環境的發酵食品

日本人經常食用發酵食品，包括醃漬物、味噌、醬油與鹽麴等，這些食品都是讓微生物分解蛋白質與糖所製成的。

發酵食品分成植物性與動物性，日本人自古以來吃的以植物性居多，因此相較於動物性發酵食品，日本人的體質更適合植物性。

發酵食品能夠有效調整腸內細菌，減少壞菌、增加益菌，有助於打造出良好的腸內環境。由此可知，養成食用發酵食品的習慣有多麼重要，日常中應多留意這類食物的攝取。

發酵食品　×　橄欖油

植物性發酵食品

植物性發酵食品，指的是以植物性食材發酵而成的食品，包括納豆與醃漬物等。據說，植物性的菌類生命力，也比動物性發酵食品堅強。

醃漬物

這裡指的醃漬物，是用鹽巴、醋與酒麴等醃漬蔬菜後，藉由食材上的乳酸菌等熟成的食品。像米糠漬是先用乳酸菌將米糠發酵成「米糠床」後，再用來醃漬蔬菜；另外，奈良漬是用發酵食品「酒粕」醃漬、麴漬白蘿蔔則是用「米麴」醃漬。但不是每種醃漬物都經過發酵，所以醃漬物並不等於發酵食品。此外，日本醃漬物含鹽量較多，要注意別食用過量，調理時建議不要另外加鹽。韓國泡菜與德國酸菜，也都是用乳酸菌發酵而成的，醬菜與筍乾也屬於發酵食品的一種。

納豆

■ 納豆菌有助於增加益菌

納豆是以大豆搭配納豆菌發酵製成，而納豆菌具有增加、穩定乳酸菌等益菌的功效，間接達到減少壞菌的效果。

■ 納豆的營養百分百

納豆有豐富的大豆蛋白質、膳食纖維、維生素 B2、B6、E 等營養。納豆的黏性中含有蛋白質分解酵素「納豆激酶」，具有溶解血栓的清血功能。

■ 納豆是乳酸菌的糧食

納豆含有寡糖，寡糖除了能夠到達大腸，成為乳酸菌的糧食外，還有助於增加益菌量。搭配其他發酵食品一起享用，效果會更加顯著！

醬油

用大豆、小麥、鹽巴、麴菌與乳酸等發酵製成的調味料，是日式料理中不可或缺的調味料，但是含鹽量較高，要避免攝取過量。

植物性發酵食品

味噌

在大豆、米、麥等穀物中，添加鹽巴與麴發酵而成。味噌從前是很貴重的發酵食品，所以會用大量鹽分增加保存期間，必須留意鹽分的攝取。

甘酒

■ **整頓腸內環境**

用米與麴菌製成的甘酒，能夠抑制壞菌的影響，並讓益菌更有活力。但是用酒粕製成的甘酒未經過發酵，所以不屬於發酵食品，請特別留意。

■ **富含膳食纖維與寡糖**

甘酒含有能成為乳酸菌糧食的膳食纖維與寡糖，能夠雙管齊下整頓腸道，是非常棒的瘦腸食材。

醋、水果醋

水果醋、義大利香醋、蘋果醋等都屬於發酵食品，是用酒精與醋酸菌發酵而成，因此市面上有多少種酒就有多少種醋，例如：日本酒可以發酵成米醋、葡萄酒可以發酵成葡萄酒醋等。

鹽麴

先用蒸熟的米繁殖麴菌，打造出米麴後再添加鹽巴與水，即可發酵成鹽麴，一般家庭也能夠輕易製作，是很受歡迎的調味料。

味醂

用糯米、米麴與酒精等熟成 40 ～ 60 天的發酵調味料。

豆瓣醬

中式料理常用的調味料，是用麴醃漬蠶豆、大豆、米等食材後，再加入鹽巴發酵而成。

動物性發酵食品

動物性發酵食品是用動物性食材製成，
像是優格、起司與鯷魚罐頭。
雖然含有豐富的蛋白質，
但是菌類的生命力較弱。

鯷魚罐頭

用鹽漬鯷魚發酵而成的食品，
不像優格與醃漬物等需要借助
微生物力量，使用的是鯷魚內
臟的消化酵素。使用相同製法
的鹽辛魷魚，其實也是發酵食
品的一種，但是這種食品的含
鹽量很高，應避免過度攝取。

優格

■ 與膳食纖維一起食用！

優格是用牛奶與乳酸菌等發酵而
成，因此同時攝取能夠餵養乳
酸菌的膳食纖維時，效果會更加
顯著。而且膳食纖維能夠吸附腸
內廢物後排出體外，所以吃優格
時，建議搭配含富含膳食纖維的
食品。

■ 優格的乳酸菌
　可防止壞菌繁殖

人體隨著年齡增長，不僅免疫
力會變差，乳酸菌等益菌也會
減少，大腸桿菌等壞菌會增
加。因此可藉由食用優格增加
益菌量，防止壞菌增殖。

■ 優格可以改善排便狀況！

優格內含的乳酸菌能夠製造出乳
酸、醋酸等有機酸，可以幫助腸
內環境維持酸性，藉此抑制壞菌
繁殖。此外，還能夠防止腸內腐
敗、抑制氣體生成、刺激腸道以
促進蠕動，藉此改善整體排便狀
況。

起司

原料為牛奶與酵素，種類五花
八門，依使用的微生物而異。
富含蛋白質、鈣，以及人稱「肌
膚維生素」的維生素 B2，據說
也有改善皮膚粗糙的功效。

食用動物性發酵食品時，
也要留意植物性發酵食品
的攝取

均衡攝取動物性與植物性發酵食
品，對身體的助益最大。這是因
為人體腸內菌種越豐富時，腸內
環境就越優秀。尤其植物性發酵
食品中的菌類，含有不會敗給胃
酸的生命力，因此攝取動物性發
酵食品的同時，也別忘了搭配植
物性發酵食品。

29

早餐瘦腸！
迅速完成的美味輕食

瘦腸之計在於晨！這邊要介紹能夠輕易完成的食譜，非常適合忙碌的早晨。

忙碌早晨也能輕鬆享用早餐的「排便順暢奶昔」

小松菜香蕉奶昔

材料 （2杯份）

小松菜 … 100g

香蕉 … 1 根（120g）

Ⓐ 原味優格 … 200g

　水 … 1/4 杯

　寡糖 … 3 大匙

　橄欖油、檸檬汁 … 各1大匙

作法

1　將小松菜與剝好皮的香蕉大致切碎，備用。

2　將作法 1 與 Ⓐ 一起倒入果汁機拌勻後，倒入杯中依口味淋上橄欖油。

瘦腸
POINT

寡糖 & 香蕉

寡糖是瘦腸的一大助力！用蜂蜜代替寡糖，同樣能使腸道更有活力，香蕉則可用蘋果或奇異果代替。

利用巴西莓與橄欖油讓腸道一早就順暢

巴西莓水果碗

材料 （2 人份）

巴西莓泥（冷凍）… 50g
糙米水果穀麥 … 40g
奇異果、草莓等喜歡的水果
… 共 120g

Ⓐ 原味優格 … 300g
　蜂蜜 … 3 大匙
　橄欖油 … 2 小匙

作法

1　解凍巴西莓泥，並將水果切
　　成方便食用的大小。

2　將Ⓐ與巴西莓泥倒入碗裡拌
　　勻，再放入水果與穀麥，最
　　後淋上橄欖油。

瘦腸
POINT

巴西莓泥 & 穀麥

將富含多酚、膳食纖
維、鐵質、鈣質與維生
素C等的巴西莓，與具
瘦腸效果的蜂蜜組合在
一起，再選擇含糙米的
穀麥，水果則選擇奇異
果，藉此大幅提升膳食
纖維含量！

稍微煮過的酪梨＆洋蔥交織出絕佳口感！

酪梨培根玉米濃湯

材料（2 人份）

酪梨 … 1/2 顆
培根 … 40g
洋蔥 … 1/4 顆

Ⓐ 玉米濃湯罐 … 1 罐（180g）
　牛奶 … 3/4 杯
　鹽麴、橄欖油 … 各 1 大匙

粗粒黑胡椒 … 少許

作法

1　酪梨削皮後切成邊長 1cm 的塊狀，洋蔥亦同；培根則切成邊長 1cm 的片狀。

2　將Ⓐ倒入小鍋中加熱至稍微沸騰，再倒入作法 **1**，接著以弱火煮 5 分鐘。完成後倒入容器中，並撒上黑胡椒。

瘦腸 POINT

鹽麴

這是在忙碌早晨也能迅速完成的瘦腸湯品，以能夠整頓腸道環境的鹽麴調味，並添加有助於瘦腸的酪梨。

秋葵口感令人上癮。一早藉由味噌湯讓胃暖洋洋！

早晨清腸味噌湯

材料（2 人份）

嫩豆腐 … 100g
秋葵 … 4 條
切過的海帶芽（乾燥）… 2g

Ⓐ 高湯 … 2 又 1/2 杯
味噌 … 2 大匙
橄欖油 … 1 小匙

作法

1　豆腐瀝乾後切成邊長 1cm 的塊狀；秋葵去蒂後，切成 1cm 寬。海帶芽用水泡軟後再瀝乾。

2　將 Ⓐ 倒入小鍋煮到稍微沸騰後，倒入作法 1，以弱火煮 5 分鐘左右。

3　倒入碗中，依喜好淋上橄欖油。

瘦腸 POINT

味噌 & 橄欖油

屬於發酵食品的味噌，是日本極具代表性的瘦腸食材。淋上橄欖油後，讓日式味噌湯增添了歐風的健康潮流感。

洋蔥的爽脆口感，讓味道嘗起來更加清爽

番茄納豆涼拌豆腐

材料 （2 人份）

嫩豆腐 … 1/2 盒（150g）

Ⓐ 納豆 … 1 包（50g）

　番茄（切成 1cm 長條狀）… 1/2 顆

　洋蔥泥 … 1/4 顆

　醬油、橄欖油、醋 … 各 1 小匙

炒熟白芝麻 … 1g

青花菜芽 … 10g

橄欖油 … 1 大匙

作法

1　豆腐瀝乾後，切成約 2 ～ 3cm 的厚度；將Ⓐ倒入碗中拌勻。

2　將豆腐盛盤後，淋上Ⓐ、撒上白芝麻、擺上青花菜芽、淋上橄欖油。最後可依個人喜好淋上醬油或柑橘醋。

瘦腸
POINT

納豆

用日本極具代表性的發酵食品「納豆」，搭配發酵調味料「醋」，再加上有助於腸道運作的橄欖油，能夠帶來顯著的瘦腸效果！

納豆 × 橄欖油的加倍瘦腸效果！

納豆魩仔魚蛋包飯

瘦腸
POINT

納豆與醬油

將同屬發酵食品的
納豆與醬油搭在一
起，再用橄欖油稍
微煎過，就能夠讓
腸道活力十足！

材料 （2 人份）

雞蛋 … 3 顆

魩仔魚 … 10g

白蘿蔔 … 200g

青蔥 … 10g

Ⓐ 納豆 … 1 包（50g）

　魩仔魚 … 10g

　薄口醬油（或是一般醬油）、

　味醂 … 各1小匙

　鹽巴 … 少許

橄欖油 … 1 大匙

作法

1　將雞蛋與Ⓐ倒入碗中拌勻；
　白蘿蔔磨成泥後瀝乾；青蔥
　切成蔥花，備用。

2　將橄欖油倒入平底鍋，加熱
　後再倒入蛋液，以弱火～中
　火迅速攪拌蛋液，等蛋半熟
　後再將鍋邊的蛋皮翻回來，
　整理好形狀。

3　盛盤後擺上蘿蔔泥，接著撒
　上魩仔魚與蔥花，即完成。

使用的是鯖魚罐頭，所以不需再另外調味

泡菜鯖魚蓋飯

材料（2人份）

含糯麥的白飯（熱的）… 2 飯碗（約 300g）

味噌鯖魚罐頭 … 1 罐（160g ／固形量 110g）

蛋黃 … 2 顆

青紫蘇（切絲）… 4 片

海苔絲 … 適量

Ⓐ 泡菜 … 80g

橄欖油 … 2 小匙

薑泥 … 1/2 小匙

作法

1　將瀝掉湯汁的鯖魚罐頭倒入碗中，稍微撕成肉絲，
　　再倒入Ⓐ拌勻。

2　盛好飯後，撒上海苔絲與青紫蘇，接著倒上作法
　　1，並將蛋黃擺在正中央，即完成。

瘦腸
POINT

鯖魚罐頭 & 泡菜

這是非常適合忙碌早
晨的輕鬆蓋飯。除了
發酵食品「泡菜」外，
還選擇含糯麥、糙米
或五穀雜糧的飯食，
藉此大幅提升膳食纖
維含量！

濃稠的起司也是瘦腸的常用食材！

火腿熱壓三明治

材料 （2 人份）

黑麥吐司（6 片切）… 4 片

火腿 … 4 片

起司片 … 2 片

醬菜（或是蘿蔔乾、柴漬）… 40g

顆粒黃芥末 … 2 小匙

橄欖油 … 1 大匙

作法

1. 在一片吐司上依序疊上火腿、起司與火腿各 1 片，接著塗上一半的顆粒黃芥末、擺上一半的醬菜後，用另外一片吐司蓋上。接著，以相同方法製作第二份。

2. 在三明治機上塗抹一半的橄欖油，擺上作法 **1**。接著用中火將兩面各烤 2 分鐘，直到表面出現焦色。另外一份也以相同的方法製作。最後兩份都切半後盛盤，還有多餘醬菜時，可依個人喜好擺上。

瘦腸 POINT

黑麥吐司

藉發酵食品「起司」&「醬菜」一起促進瘦腸！另外搭配膳食纖維豐富的黑麥吐司，就能夠讓腸道超清爽！此外，黑麥吐司的獨特香氣，也容易令人上癮。

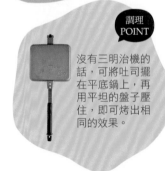

調理 POINT

沒有三明治機的話，可將吐司擺在平底鍋上，再用平坦的盤子壓住，即可烤出相同的效果。

柴漬打造吸睛色調與味覺重點

粉紅蛋三明治

材料 (2人份)

黑麥長棍麵包 … 1 小根

Ⓐ 切碎的水煮蛋 … 3 顆
　切碎的柴漬 … 25g
　美乃滋 … 3 大匙
　橄欖油 … 2 小匙
　醋 … 1 小匙
　粗粒黑胡椒 … 少許

乾燥香芹 … 少許

作法

1　將Ⓐ倒入碗中,攪拌均勻,備用。

2　切開長棍麵包後夾入作法 **1**,接著
　切成方便食用的大小後,撒上乾燥
　香芹,即完成。

只要切一切、再拌勻的超棒簡單沙拉

豌豆苗雞肉拌爽口泡菜

材料 （2人份）

即食雞胸肉（原味）… 1 塊（110g）

豌豆苗 … 1 袋（200g）

Ⓐ 泡菜 … 80g
| 橄欖油 … 1 大匙

起司粉 … 適量

作法

1 將即食雞胸肉切成寬 5mm 的條狀；
豌豆苗切成 4 ～ 5cm 長。

2 將作法 1 與Ⓐ倒入碗中拌勻，盛盤
後再撒上起司粉。

瘦腸
POINT

即食雞胸肉

直接吃也很好吃的即食雞
胸肉，是忙碌早晨的救世
主，搭配瘦腸食材「泡菜」
後，效果與滋味都更上一
層樓。另外，也可依個人
口味變化成咖哩味或香草
味等。

巧妙運用鯷魚罐頭本身的鹹味，口感令人上癮的料理

酪梨鯷魚湯通心麵

材料 （2人份）

酪梨 … 1 顆
小番茄 … 8 顆
火腿 … 2 片
通心麵 … 30g

Ⓐ 水 … 2 杯
　 蒜片 … 2 瓣的量
　 切碎的鯷魚 … 10g
　 橄欖油、高湯粉（雞湯）… 各 2 小匙
　 粗粒黑胡椒 … 少許

作法

1　酪梨縱向切半後去籽，接著削皮後切成 8 等份的半月狀。火腿切成邊長 1cm 的片狀。

2　煮通心粉的時間要比包裝上的標示短，維持偏硬的口感。

3　將Ⓐ倒入小鍋煮到稍微沸騰後，倒入作法 **1**、**2** 與小番茄後，再煮 5 分鐘，即完成。

瘦腸
POINT

酪梨

酪梨含有豐富的維生素 E，能夠防止腸內細菌老化，此外，也含有大量膳食纖維。用在有湯的料理時，酪梨硬一點比較好吃。

當成早午餐時，也可改成不甜的口味

正餐型法國吐司

材料 （2 人份）

長棍麵包（4cm厚）… 4 片
維也納香腸 … 4 根

Ⓐ 雞蛋 … 1 顆
　牛奶 … 1/4 杯
　鹽巴 … 少許

橄欖油…2 大匙

Ⓑ 原味優格 … 4 大匙
　美乃滋 … 2 大匙
　咖哩粉 … 1/2 小匙
　蒜泥 … 1/4 小匙

貝比生菜…20g
粗粒黑胡椒…適量

作法

1 將Ⓐ倒入碗中攪拌後，取長棍麵包沾溼雙面；
　在維也納香腸上切出細痕。

2 將Ⓑ倒入另一個碗中拌勻，製作成醬料備用。

3 用平底鍋預熱橄欖油後，放入稍微壓乾汁液的
　長棍麵包與香腸，以弱火～中火煎至長棍麵包
　呈焦色後，翻面煎至同樣的狀態；香腸則要煎
　熟整個表面。

4 將 3 盛盤後再鋪上貝比生菜，並將 2 淋上長
　棍麵包，最後撒上黑胡椒，即完成。

瘦腸
POINT

優格

優格內含的乳酸菌能夠有效
促進瘦腸，選擇咖哩風味的
優格醬時，可讓法國吐司更
像正式餐點。煎完後還有多
餘 A 蛋液時，可放進冷藏保
存 2 ～ 3 天。

甘酒＆優格讓口感更加豐潤

香甜甘酒鬆餅

材料 （2 人份）

市售鬆餅粉 … 1 袋（150g）

Ⓐ 原味優格 … 150g

　甘酒 … 50g

　雞蛋 … 1 顆

橄欖油 … 2 大匙

綜合莓果（冷凍亦可）… 40g

奶油（無鹽）… 適量

作法

1　將現成鬆餅粉與Ⓐ倒入碗中攪拌。

2　預熱平底鍋後，用廚房紙巾沾取橄欖油塗抹在鍋底，並轉成弱火。接著倒入 1/4 的作法 **1** 再蓋上鍋蓋，等鬆餅表面出現焦色後，翻面繼續煎。

3　盛盤後依口味淋上蜂蜜，接著擺上綜合莓果與奶油，即完成。

瘦腸
POINT

甘酒

藉麴菌釀成的甘酒與富含乳酸菌的優格雙管齊下，讓腸道運作充滿活力！也可將綜合莓果替換成香蕉或奇異果等，適合瘦腸的水果。

早餐瘦腸！
能量滿滿的飽足感主食

發酵食品不僅具有強大的瘦腸能量，還能
夠當成調味料搭配肉類、魚肉與雞蛋料
理。如此一來只要正常用餐，就能夠整頓
出良好的腸道環境。

鹽麴讓肉更加滋潤＆白芝麻麵衣香氣逼人！

鹽麴風芝麻炸雞

材料 （2 人份）

雞胸肉 … 1 大塊（300g）

水菜 … 50g

炒熟白芝麻 … 50g

Ⓐ 鹽麴 … 1 大匙

酒油、味酥、太白粉 … 各2小匙

薑泥 … 1/2 小匙

橄欖油 … 3 大匙

醋橘（切半）… 適量

美乃滋 … 1 大匙

瘦腸 POINT

鹽麴醃漬

鹽麴的乳酸菌能夠活化腸道運作！只要用鹽麴醃漬 20 ～ 30 分鐘，就能讓容易乾硬的雞胸肉維持溼潤口感。

作法

1　將雞肉斜切成厚度 1.5 ～ 2cm 的片狀後，放進碗中以Ⓐ醃漬，並擺放在冰箱冷藏 20 ～ 30 分鐘。

2　將水菜概略切成段狀。

3　將白芝麻撒在托盤上，取作法 **1** 沾滿表面。

4　將橄欖油倒入平底鍋預熱後，放入 **3** 的雞肉，以中火煎 2 分鐘左右，直到芝麻呈焦色後翻面繼續煎。盤子上鋪滿水菜，接著放上瀝乾油的芝麻雞肉，最後加上醋橘與美乃滋，即完成。

藉鹽麴能量整頓腸內環境＆保有溼潤的肉質

蒜味鹽麴豬肉

材料 （2 人份）

豬梅花肉塊 … 400 ～ 450g
鹽巴、粗粒黑胡椒 … 約肉重量的 1%
Ⓐ 鹽麴 … 50g
　 蒜泥 … 1/2 小匙

橄欖油 … 少許
香菜 … 20g

〈醬料〉
蔥末 … 1/4 根
洋蔥末 … 1/4 顆
青蔥蔥花 … 5 根（20g）
麻油 … 2 大匙
檸檬汁 … 2 小匙
粗粒黑胡椒 … 1 小匙
鹽巴 … 1/4 小匙

作法

1 豬肉調理前 30 分鐘先退冰至室溫，接著抹上鹽巴與
黑胡椒；另取一個碗，將醬料的食材拌在一起。

2 將橄欖油倒入平底鍋熱油後，倒入豬肉以中火～強
火煎至雙面均出現焦色，然後與Ⓐ一起放進耐熱保
鮮袋醃漬，密閉保存。為了避免袋子破掉，建議再
用另一個保鮮袋裝起，保持密封狀態。

3 將 **2** 連同袋子一起放入煮沸熱水中，蓋上蓋子後，
以極弱的火加熱 1 小時 30 分鐘。完成後，將豬肉切
成易於食用的大小，再與香菜、醬料一起盛盤。

瘦腸
POINT

鹽麴 & 大蒜

鹽麴的乳酸菌效果有益瘦
腸！將豬肉、鹽麴與蒜泥放進
耐熱密封袋中，連袋子一起
煮的話，能夠讓肉質更柔軟
溼潤。

辛香料＆優格＆橄欖油是瘦腸絕配搭檔！

牙買加煙燻雞肉

材料（**2人份**）

雞腿肉 … 2 小片（400g）
番茄 … 1 顆
綠蘆筍 … 8 根
玉米 … 1/2 根

Ⓐ 原味優格 … 2 大匙
　　橄欖油、醬油 … 各1 大匙
　　蒜泥、印度綜合香料 … 各1 小匙
　　孜然粉、甜椒粉 … 各1/2 小匙
　　鹽巴、粗粒黑胡椒 … 各1/4 小匙

杏仁（粗粒）… 15g
切成半月狀的萊姆 … 1/4 顆

瘦腸
POINT

蒜頭＆辛香料

辛香料能夠溫暖腸道，優格能夠整頓腸內環境。用辛香料醃漬的雞肉只要短暫靜置，肉質就會變得更加柔軟！

作法

1　用叉子穿刺整塊雞肉後放入碗中，倒入Ⓐ後輕揉整塊雞肉，接著靜置於冷藏中約 10 分鐘；番茄切成5mm 厚；切掉綠蘆筍較硬的根部，並以削皮刀削掉較大的鱗片葉；另外用菜刀削下玉米粒。

2　將烘焙紙鋪在烤箱托盤上，接著擺上雞肉、綠蘆筍與玉米後烤 8 ～ 10 分鐘，直到雞肉全熟（蔬菜出現焦色時，要視情況先取出）。

3　將雞肉切成方便食用的大小後，與烤蔬菜、番茄一起盛盤後，撒上杏仁、擺上萊姆，即完成。

只要用烤箱烤一烤就好，非常輕鬆！

印度烤鮭魚

材料 （2 人份）

鮭魚（切片）… 2 片
番茄 … 1/2 顆
秋葵 … 4 根
馬鈴薯 … 1 顆

Ⓐ 原味優格 … 60g
　番茄醬 … 2 大匙
　咖哩粉 … 1 大匙
　薑泥、蒜泥 … 各 1 小匙
　七味粉、醬油 … 各 1/2 小匙

橄欖油 … 2 小匙
杏仁（粗粒）… 15g

瘦腸
POINT

薑、蒜頭、咖哩粉、七味粉

薑、蒜頭、咖哩粉、七味粉等辛香料，具有溫暖身體、促進腸道蠕動的功能！

作法

1　將鮭魚切成塊狀，番茄切成 5mm 厚的片狀；秋葵去蒂頭後切成不規則狀。

2　馬鈴薯削皮後切成 12 等份的半月狀，擺在耐熱盤上再用保鮮膜覆蓋後，用微波爐加熱 3 分鐘左右，藉此去除多餘的水分。

3　將Ⓐ倒入碗中拌勻，倒入鮭魚、秋葵與作法 **2** 後，放進冰箱冷藏 20 ～ 30 分鐘。

4　在烤箱托盤上鋪好烘焙紙後，擺上作法 **3** 再淋上橄欖油，加熱 8 ～ 12 分鐘直到整體出現焦色，接著擺在鋪好番茄的餐盤裡，最後撒上杏仁即完成。

豆漿與肉的鮮甜交織出柔和的滋味

豆漿馬鈴薯燉肉

材料 （2 人份）

豬五花肉片 … 150g

馬鈴薯 … 2 小顆（250g）

綠蘆筍 … 3 根

胡蘿蔔 … 小根的 1/2（60g）

洋蔥 … 1/2 顆

無糖豆漿 … 1/2 杯

Ⓐ 高湯 … 1 又 1/2 杯

　薄口醬油（或一般醬油）、味醂 … 各 2 又 1/2 大匙

　砂糖 … 2 小匙

橄欖油 … 2 小匙

香菜 … 適量

瘦腸
POINT

豆漿

豆漿中的鎂有助於整頓腸內環境，但是豆漿容易與水分離，所以最後才加，且不會煮到沸騰，如此一來才能呈現出更佳的色澤與香氣。

作法

1　將豬肉切成邊長 4 ～ 5cm 的片狀，馬鈴薯切成 8 等份；切掉綠蘆筍較硬的根部，並以削皮刀削掉較大的鱗片葉，處理完後就切成不規則狀；胡蘿蔔同樣切成不規則狀，洋蔥則切成 6 等份的半月狀。

2　將馬鈴薯、胡蘿蔔擺入耐熱盤中，覆蓋保鮮膜後，放進微波爐加熱約 5 分鐘，藉此去除多餘水分。

3　將橄欖油倒入鍋中加熱後，用中火開始炒豬肉，等豬肉變色程度達一半時，再倒入作法 **2**、洋蔥後繼續炒 2 ～ 3 分鐘。

4　倒入綠蘆筍與 Ⓐ 煮到稍微沸騰後，蓋上鍋蓋轉弱火燜煮約 10 分鐘，最後倒入豆漿繼續加熱 1 ～ 2 分鐘。完成後盛盤，並撒上略切過的香菜，即完成。

用發酵調味料「豆瓣醬」與辛香料促進腸道蠕動！

牛排佐紫高麗菜沙拉

材料 （2人份）

牛肉（煎牛排專用）… 1 片（150g）

紫高麗菜 … 1/4 顆（150g）

甜椒（紅）… 1/2 顆

水煮蛋 … 1 顆

鹽巴、粗粒黑胡椒 … 各適量

Ⓐ 美乃滋…80g

　　豆瓣醬…2 小匙

　　咖哩粉、醋…各 1 小匙

　　蒜泥、薑泥…各 1/2 小匙

橄欖油…1 大匙

瘦腸
POINT

豆瓣醬

拌入豆瓣醬與辛香料的高麗菜沙拉，能夠讓腸道更有活力。紫高麗菜營養豐富，視覺上也很漂亮，雖然費時卻很美味，所以建議做成常備菜。

作法

1　牛肉在調理前 30 分鐘先拿至室溫退冰，準備要煎的時候，再撒上鹽巴與黑胡椒；紫高麗菜切絲，甜椒切成 5mm 寬。

2　將紫高麗菜、甜椒與Ⓐ倒入碗中後拌勻。

3　將橄欖油倒入平底鍋後加熱，再以中火～強火開始煎牛肉，煎約 1 分鐘後翻面再煎 30 秒左右，起鍋後再切成易於食用的大小。

4　將作法 **2** 與 **3** 擺入餐盤後，再擺上切成半月形的水煮蛋，並依口味撒上細葉香芹，即完成。

納豆與泡菜是最強的瘦腸搭檔

納豆餃子佐紫蘇泡菜醬

材料 （2人份）

餃子皮 … 20 ～ 25 片
納豆 … 2 包（100g）
豬絞肉 … 100g
切碎的韭菜 … 40g

Ⓐ醬油 … 1 大匙
│ 料理酒、黃芥末醬、
│ 太白粉、薑泥 … 各1小匙

橄欖油 … 1 大匙

〈醬料〉

切碎的泡菜 … 100g
切碎的青紫蘇 … 10 片
橄欖油 … 2 大匙
炒熟白芝麻 … 1 大匙
醋、醬油 … 各1小匙

作法

1 將納豆、絞肉、韭菜與Ⓐ倒入碗中後拌勻。

2 另取一個大碗，將醬料食材均勻拌在一起。

3 用湯匙取適量的作法 **1** 後，擺在攤平的餃子皮上，
 接著在皮的邊緣塗抹少許清水後包起。剩下的食
 材，也以相同方式包起。

4 將橄欖油倒入平底鍋，用強火熱油後就先關火。將
 3 擺上平底鍋後，用中火煎至出現焦色，再倒入 4
 大匙的水，接著蓋上鍋蓋蒸 5 ～ 7 分鐘。醬料則另
 外用小盤子裝起。

瘦腸
POINT

泡菜醬

肉餡使用的納豆與醬料使用的泡菜，都具有促進瘦腸的效果。再用發酵食品之一的醬油當調味，並以橄欖油煎熟，就能夠讓排便超級順暢！

海苔鯖魚
佐濃醇起司
➡ p.65

山椒味噌
雞肉丸
➡ p.63

培根優格炒蛋
➡ p.64

味噌&山椒、薑讓腸道更有精神！

山椒味噌雞肉丸

材料（**2 人份**）

雞腿絞肉 … 200g

溫泉蛋 … 1 顆

Ⓐ 蔥末 … 1/2 根的量
　味噌 … 2 又 1/2 大匙
　太白粉、料理酒 … 各 2 小匙
　山椒粉、薑泥 … 各 1 小匙

料理酒 … 2 大匙

Ⓑ 番茄（切成邊長 1cm 的塊狀）… 1/2 顆的量
　黑橄欖（去籽）… 6 顆
　醬油、味醂、料理酒 … 各 2 大匙
　砂糖 … 1 小匙

橄欖油 … 1 大匙

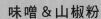

瘦腸
POINT

味噌&山椒粉

用發酵食品「味噌」與辛香料「山椒」提升腸道運作效果，將其沾在富含麩胺酸的番茄表面一起煎時，能夠打造出兼具濃醇與清爽的滋味，既下飯又適合當下酒菜，也可用來拌義大利麵喔！

作法

1　將絞肉與Ⓐ倒入碗中揉在一起，捏成約高爾夫球大小的糰狀後，再撒上適量的麵粉（分量另計）。

2　將橄欖油倒入平底鍋後加熱，接著放入作法 **1**，以中火煎至表面呈現焦色。倒入料理酒後蓋上鍋蓋，以弱火蒸 3 ～ 4 分鐘。

3　倒入Ⓑ後，頻繁晃動平底鍋，等食材變得稍微黏稠時，以中火煮至入味。將完成的雞肉丸盛盤後，再擺上溫泉蛋即完成。

雞蛋料理也能搭配優格促進瘦腸！

培根優格炒蛋

材料 （2人份）

長條培根 … 4 片

Ⓐ 打散的蛋液 … 3 顆的量
　 原味優格 … 2 大匙
　 紅腰豆 … 40g
　 切成半月狀的小番茄 … 4 顆的量
　 鹽、黑胡椒 … 少許

Ⓑ 美乃滋、番茄醬 … 各2大匙
　 芥末籽醬 … 1 小匙
　 橄欖油 … 1 大匙

瘦腸
POINT

紅腰豆

優格就不用說了，這裡使
用的紅腰豆也是很棒的瘦
腸食材，可以選擇很方便
的市售罐頭或乾燥包裝。
另外還搭配添加芥末籽醬
的粉紅醬。

作法

1　將Ⓐ倒入碗中拌勻。

2　將橄欖油倒入平底鍋中加熱後，以中火將培根雙面
　 煎熟後，再放入另外的盤子中。

3　將作法 **1** 倒入作法 **2** 的平底鍋中，等整體蛋液半熟
　 時快速攪拌後關火。與培根一起盛盤後再淋上Ⓑ，
　 即完成。

將鯖魚罐頭與食材拌勻後，用烤箱烤熟即可

海苔鯖魚佐濃醇起司

材料（2 人份）

味噌鯖魚罐頭 … 1 罐（200g／固形量 150g）

披薩專用起司 … 60g

Ⓐ 蘑菇（縱向切成 4 等份）… 6 顆

　 美乃滋 … 3 大匙

　 橄欖油 … 1 小匙

　 海苔絲 … 1g

青蔥花 … 適量

作法

1　將鯖魚罐頭瀝乾後倒入碗中，再倒入Ⓐ稍微攪拌。

2　將作法 **1** 放入耐熱容器後撒上起司，放進烤箱烤 10 ～ 12 分鐘，直到表面呈焦色為止，完成後再撒上蔥花。

瘦腸
POINT

起司

多用一點起司，可以同時提升瘦腸效果與美味程度。富含 β- 葡聚醣的蘑菇，能夠讓腸道更健康。

仔細炒過的洋蔥，甜味更明顯！

扇貝酪梨白醬焗烤飯

材料 （2 人份）

含糯麥的白飯（熱的）… 200g

小扇貝 … 8 顆（約 100g）

酪梨 … 1 顆

洋蔥 … 1/2 顆

披薩用起司 … 60g

麵粉 … 60g

橄欖油 … 1 又 1/2 大匙

Ⓐ 牛奶 … 1 又 1/2 杯

　顆粒高湯（雞湯）… 1 小匙

　鹽巴 … 1/4 小匙

瘦腸
POINT

糯麥

摻有糯麥的米飯，擁有比白米更豐富的膳食纖維，瘦腸效果與口感都很棒！同樣適合瘦腸的酪梨，則建議選擇硬一點的口感為佳。

作法

1　縱切酪梨後去籽削皮，接著切成邊長 1.5cm 的塊狀；洋蔥切絲，備用。

2　將橄欖油倒入平底鍋加熱後，用中火～弱火將洋蔥炒至出現焦糖色，然後倒入酪梨、小扇貝與麵粉，炒至看不見粉末狀為止。接著倒入Ⓐ加熱 3 ～ 5 分鐘，直到食材變得黏稠。

3　作法 **2** 倒入糯麥飯後拌勻，接著放入耐熱器皿並撒上起司，用烤箱烤 8 ～ 12 分鐘（用 180 度預熱 10 ～ 12 分鐘）。

鮮雞和風湯頭搭配醋橘冷麵

豆漿鹽麴雞湯冷麵

材料 （**2 人份**）

蕎麥麵（乾麵）… 2 球（200g）

雞胸肉 … 1 小片（200g）

蘘荷 … 2 ～ 3 顆

青花菜芽 … 1 包

醋橘切片 … 1 顆的量

Ⓐ 高湯 … 1 杯

味醂、薄口醬油 … 各 2 大匙

薑片 … 8 片

Ⓑ 無糖豆漿 … 1/2 杯

鹽麴 … 1 大匙

橄欖油 … 2 小匙

瘦腸 POINT

麵條 & 鹽麴

膳食纖維豐富的蕎麥麵條，添加大量含有瘦腸食材鹽麴的雞湯，能夠保有腸道健康。

作法

1 雞肉較厚的部位劃出刀痕，接著與Ⓐ一起放入鍋中煮到稍微沸騰後，蓋上鍋蓋轉弱火煮 15 分鐘左右。瀝掉湯中雜質後，再將雞肉切成方便食用的大小。

2 將Ⓑ倒入濾過的湯汁後攪拌，接著放入冰箱冷藏。

3 依包裝上的標示煮熟蕎麥麵後，用冷水冰鎮再瀝乾。

4 將麵條與醋橘盛盤後，倒入作法 **2**，接著將雞肉、切絲的蘘荷、去根的青花菜芽另外盛盤，搭配一起食用。

結合醬油與魩仔魚的鮮味，讓蒜辣義大利麵風味更多層次

香濃醬油魩仔魚義大利麵

材料 （2 人份）

義大利麵 … 140g
魩仔魚 … 20g
香菇 … 2 朵
青紫蘇 … 5 片

Ⓐ 薄切蒜片 … 4 瓣量
　辣椒（去籽）… 2 條
　橄欖油 … 2 大匙

醬油 … 2 小匙
鹽巴、粗粒黑胡椒 … 各少許

作法

1　切掉香菇蒂頭後，將香菇切成 5mm 的厚度。青紫蘇則撕成 1cm 的大小。

2　開弱火用平底鍋加熱Ⓐ，等蒜片出現焦色後即關火。

3　煮義大利麵的時間要比包裝上所示短一點，維持偏硬的口感；接著舀起 3 大匙煮麵水備用。

4　再度加熱作法 **2** 後，倒入作法 **1**、魩仔魚、作法 **3** 的義大利麵與煮麵水、醬油，轉強火將食材拌勻，撒上鹽巴與黑胡椒調味，即完成。

瘦腸
POINT

蒜頭 ✕ 辣椒

蒜頭與辣椒都有溫暖腸道，並促進蠕動的效果，但是要注意蒜頭過焦時會出現澀味。另外善用煮麵水，可以讓義大利麵更美味！

早餐瘦腸！
輕盈開胃的配菜

由蔬菜或菇類組成的超營
養配菜，每天搭配發酵食
品享用也吃不膩。

POINT

鹽麴與白酒醋都是
發酵調味料，
雙管齊下促進瘦腸

除了鹽麴與白酒外，還搭配
白酒醋進一步提升瘦腸效
果，融合日式與西式的調味
料，也交織出嶄新的風味。

用瘦腸效果極佳的菇類，
與鹽麴一起製成簡單醃漬品

鹽麴醃菇

材料 （2杯份）

鴻喜菇 … 1 包（120g）

舞菇 … 1 包（120g）

杏鮑菇 … 2 條（100g）

油漬鮪魚罐 … 1 罐（70g）

白酒 … 2 大匙

月桂葉 … 2 片

Ⓐ 鹽麴、橄欖油 … 各1大匙
  白酒醋（或是一般的醋）… 2 小匙

作法

1　輕輕撥開鴻喜菇與舞菇，並將杏鮑菇切成不規則塊狀。

2　將作法 **1**、白酒與月桂葉放進耐熱盤，覆蓋保鮮膜後，用微波爐加熱4分鐘。

3　作法 **2** 連湯汁一起倒入碗中後，再倒入瀝乾油的鮪魚與Ⓐ，攪拌在一起即完成。

用味噌與優格為人氣南瓜沙拉調味！

南瓜胡桃沙拉

材料 （2人份）

南瓜 … 1/4 顆（250g）
綜合豆（乾燥包）… 50g
葡萄乾 … 30g
胡桃（敲碎成粗粒）… 30g

Ⓐ 原味優格 … 3 大匙
味噌 … 2 大匙
橄欖油 … 1 大匙

作法

1　南瓜去掉瓤與籽後，用削皮刀去皮，切成邊長 2cm 的塊狀，放進耐熱盤中覆蓋保鮮膜，用微波爐加熱 4分鐘，並趁熱時用叉子等搗成泥。

2　將Ⓐ倒入碗中攪拌後，再倒入作法 1、綜合豆、葡萄乾與胡桃後，稍微攪拌即完成。

瘦腸
POINT

味噌＆優格

屬於瘦腸食材的優格與味噌具提味效果，優格能夠讓滋味更清爽，味噌則可提升濃醇感。

提升番茄醬的美味祕訣，就在鹽麴與醬油

烤櫛瓜茄子佐鹽麴番茄醬

材料 （2 人份）

櫛瓜 … 2 條

茄子 … 2 〜 3 條

Ⓐ 番茄罐頭（切片）… 1/2 罐（200g）

水、番茄醬 … 各 3 大匙

鹽麴、橄欖油 … 各 1 大匙

醬油 … 1 小匙

月桂葉 … 2 片

培根粉、起司粉 … 各適量

作法

1　將櫛瓜與茄子切成 5 〜 8mm 厚的圓片狀。

2　將Ⓐ倒入鍋中煮到稍微沸騰後，轉弱火煮 10 分鐘，製作成醬料。

3　作法 **1**、**2** 倒入碗中拌在一起，並以交疊的方式擺在耐熱盤上，接著淋上剩下的醬料，用烤箱烤 12 〜 15 分鐘（先用 250 度預熱 10 〜 15 分鐘），完成後再撒上培根粉與起司粉。

瘦腸
POINT

用發酵調味料鹽麴與醬油，搭配蔬菜的膳食纖維一起整頓腸內環境。醬料也可以添加洋蔥、蘑菇等其他蔬菜。沒有培根粉的話，也可直接使用培根。

鹽醃牛肉
佐奶油起司
山椒醬油肉醬
➡ p.77

3 種起司
沾味噌
➡ p.78

鷹嘴豆泥
佐味噌橄欖油
➡ p.79

藉山椒能量溫暖腸道之餘，讓口味增加更多變化

鹽醃牛肉佐奶油起司

材料 （易於製作的份量，2～3 人份）

奶油起司 … 100g

Ⓐ 鹽醃牛肉 … 100g

醬油 … 1 大匙

橄欖油 … 2 小匙

山椒粉 … 1/2 小匙

作法

1 將奶油起司放進耐熱盤後，覆蓋保鮮膜，接著用微
波爐加熱 20 秒，使其軟化。

2 將作法 1 與Ⓐ倒入碗中，均勻拌在一起。

瘦腸
POINT

山椒粉

這種微辣又美味的和風肉
醬，能夠溫暖腸道、提升免
疫力，同時還搭配了瘦腸食
材醬油與起司。這道料理適
合搭配蔬菜或麵包，冷藏則
可保存 3～4 天。

同時運用動物性 × 植物性的乳酸菌

3 種起司味噌沾醬

材料 （易於製作的份量，3～4 人份）

莫札瑞拉起司（球型）… 約 80g

卡芒貝爾起司 … 約 80g

白切達起司 … 約 80g

Ⓐ 味噌 … 150g

味醂 … 1/2 杯

橄欖油 … 2 小匙

蒜泥 … 1/2 小匙

豆瓣醬 … 1/4 小匙

檸檬片、細葉香芹 … 各適量

瘦腸 POINT

起司 & 味噌

起司可依口味換成其他種類，若使用溼氣較重的類型，先仔細擦乾後再沾醬比較不易壞。放置半天至一天，可享受起司香氣，放至三四天的話，則會產生醃漬物般的滋味。非常推薦將莫札瑞拉起司抹在麵包上，做成簡單的三明治。

作法

1 起司帶有水氣的話，可先用廚房紙巾吸乾。

2 將Ⓐ的味醂倒入鍋中，加熱 1～2 分鐘使酒精成分蒸發後，再倒入碗中，接著倒入Ⓐ的其他調味料攪拌。

3 將起司與作法 **2** 放入保鮮容器（或保鮮袋）裡，讓所有起司都沾到醬後冷藏 1～2 天，接著切成方便食用的大小，再與檸檬、細葉香芹一起盛盤。

用瘦腸食材打造中東風情料理

鷹嘴豆泥佐味噌橄欖油

材料 （易於製作的份量，3～4人份）

鷹嘴豆（水煮）… 300g

Ⓐ 綠橄欖（去籽）… 40g
白芝麻醬 … 4大匙
味噌、水 … 各3大匙
檸檬汁 … 2小匙
蒜泥 … 1/2小匙

Ⓑ 切成半月形的小番茄（紅、黃）… 各3顆
橄欖油 … 2大匙
粉紅胡椒（用手壓碎）、乾燥羅勒 … 各適量

作法

1 鷹嘴豆瀝乾後與Ⓐ一起放入食物調理機，攪拌均勻
（過程中要以橡膠刮杓等，將側面與底部的食材刮
起來拌勻）。

2 將作法1放進塑膠袋裡，剪開其中一端，再將鷹嘴
豆泥擠到容器上。另外將Ⓑ拌在一起後，再倒入鷹
嘴豆泥，即完成。

瘦腸
POINT

味噌＆鷹嘴豆

屬於發酵食品的味噌，搭配
非水溶性膳食纖維豐富的鷹
嘴豆與橄欖油，能夠讓排便
超順暢！橄欖與檸檬汁的酸
味，更是料理的滋味重點。
冷藏可保存三至四天。

要避免過度攝取

影響瘦腸的食材

除了要認識有益腸道健康的食材，也必須了解哪些食材對腸道不好。
其中有許多就藏在我們的身邊，不知不覺就吃進肚子了。

記得避免食用過量

含脂量高的肉
食用過多含脂量高的豬五花肉等，
有增加腸內壞菌量的風險。

牛奶、奶油
含脂量較高，過量攝取的話對身體
不好。

拉麵
豬油有損腸道的風險特別高，因此
充滿豬油的豚骨拉麵，會對腸道造
成負擔。建議選擇鹽味拉麵、小魚
乾湯頭等拉麵，口味清爽的湯頭。

油炸物
除了麵粉等會對身體造成負擔外，
油炸本身影響健康的風險也很高。

超辣食物
適度的辣味沒問題，但是超級辣的
食物，有很高的機率會傷害腸道。

鹽分
腸道為鹼性，所以酸性食物（肉
食）有時會傷及腸道。此外，高鹽
分的食物會影響腸內細菌，間接導
致免疫力變差

這樣挑選最健康

吃米食或麵包時
含糙米、五穀雜糧與麥的米飯比白
飯好，全粒粉的麵包也比一般麵包
好。

使用砂糖時
應避免攝取過多蛋糕與甜點等，常
添加的白糖，料理要用到砂糖時，
建議選擇寡糖、黑糖、蔗糖或三溫
糖等褐色的類型。

多咀嚼有助消化

糙米
糙米的營養價值高卻不好消化，所
以要煮得軟一點並增加咀嚼次數。

茼蒿等莖較硬的蔬菜
蔬菜有較硬的莖時，大量食用會無
法消化，因此建議煮軟一點或是切
小一點並仔細咀嚼。

Part 2

目標 1 天 20g！
大量膳食纖維午晚餐

大家知道自己每次用餐時，攝取了多少膳食纖維嗎？一天建議攝取量為
20g，但我們平常吃越多的垃圾食物，膳食纖維的攝取量就越不足……
所以請參考各食譜標示，多多留意自己平日攝取的膳食纖維量吧！

檢視
膳食纖維量

| 1人份
膳食纖維 | **10**g | / 198 kcal |

利用每日的膳食纖維進行**腸內大掃除！**

用和食中不可或缺的味噌、納豆與醃漬物等發酵食品，與橄欖油、使用大量蔬菜的地中海飲食，共同組合出讓腸道更有活力的「地中海和食」！

腸道很有活力的人，體內已經建立起一定的腸道運動規律，因此能夠排便順暢。想要建立起規律的腸道運動，就必須養成良好的飲食習慣。只要用餐規律，腸道蠕動（腸道反覆擴張與收縮的運動）與排便狀況也會跟著變規律。膳食纖維能促進腸道蠕動，因此，攝取充足的膳食纖維是維持乾淨腸道的關鍵。

膳食纖維還具有促進乳酸菌與比菲德氏菌繁殖的功效，藉此增加益菌、減少壞菌，腸道環境自然會變好。此外，膳食纖維還擁有防止飲食過量、抑制血糖值上升等，有益腸道的效果。

你是否**注意**過自己攝取了多少**膳食纖維**呢？

如果你吃的是⋯⋯
薑汁燒肉定食
1.3 g

雞肉咖哩
1.5 g

紅醬義大利麵
4.3 g

漢堡
1.5 g

但是！
1 天應攝取的**膳食纖維**量為 **20 g**！

非水溶性與水溶性纖維要 2：1

膳食纖維分成非水溶性與水溶性這兩種，僅攝取單一種類無法使排便順暢，這是因為非水溶性與水溶性各具有不同的功效。

非水溶性膳食纖維能夠促進排便，但是攝取過多會使糞便過硬，反而招致便祕。最適當的非水溶性與水溶性比例為「2：1」。

何謂非水溶性膳食纖維

蔬菜、穀類、薯類與豆類內含的纖維素、半纖維素，菇類中的甲殼素就屬於不溶於水的膳食纖維。非水溶性膳食纖維能夠促進腸道蠕動、增加糞便量，藉此促進排便。但是攝取過多會使糞便過硬，反而引發便祕，因此腸道工作效率較差或是腸道敏感時，不能攝取太多。

富含非水溶性膳食纖維的食材

青花菜

牛蒡

南瓜

菠菜

大豆

香菇

何謂謂水溶性膳食纖維

奇異果與香蕉內含的果膠、海藻含量大的海藻酸、蒟蒻富含的葡甘露聚醣、大麥的 β-葡聚醣等，都是會溶於水的膳食纖維。水溶性膳食纖維能夠調整腸內水分、增加腸內益菌，會製造出膠狀糞便或軟便而非硬便，因此有助於改善便祕。

富含水溶性膳食纖維的食材

蒟蒻絲

蒟蒻

大麥

日本山藥

海帶芽

奇異果

滑菇

2：1 在甜點或早餐中增加水果量，就能輕易攝取水溶性膳食纖維！

膳食纖維含量一覽表

只要知道食材含有多少膳食纖維，就能夠強化瘦腸的效率。
這邊要介紹富含膳食纖維的蔬菜、菇類、穀類、薯類與豆類。
※ 均為每 100g 的含量。

蔬菜

根莖類與葉菜類都含有豐富的膳食纖維，
只要加熱就能夠吃下許多份量，也很好消化。

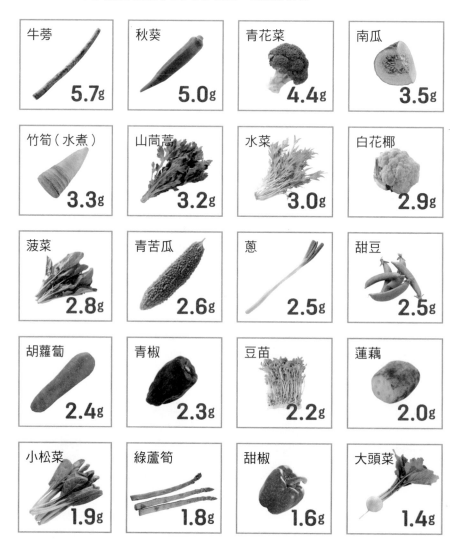

牛蒡 **5.7**g

秋葵 **5.0**g

青花菜 **4.4**g

南瓜 **3.5**g

竹筍（水煮） **3.3**g

山茼蒿 **3.2**g

水菜 **3.0**g

白花椰 **2.9**g

菠菜 **2.8**g

青苦瓜 **2.6**g

蔥 **2.5**g

甜豆 **2.5**g

胡蘿蔔 **2.4**g

青椒 **2.3**g

豆苗 **2.2**g

蓮藕 **2.0**g

小松菜 **1.9**g

綠蘆筍 **1.8**g

甜椒 **1.6**g

大頭菜 **1.4**g

菇類

富含膳食纖維的菇類熱量很低，減肥時也能夠安心享用。
此外，乾燥香菇與黑木耳都很好保存，相當方便。

黑木耳 (泡水後100g)

5.2g

鮮香菇

4.2g

金針菇

3.9g

鴻喜菇

3.7g

舞菇

3.5g

杏鮑菇

3.4g

滑菇

2.8g

蘑菇

2.0g

薯類

薯類的膳食纖維含量依種類而異，只要選擇以下介紹的品項，就能夠攝取豐富的膳食纖維。

蒟蒻

3.0g

豆類

豆類的膳食纖維其實比蔬菜與菇類更豐富。只要水煮或購買乾燥包就能輕易享用。

豌豆

7.7g

蒟蒻絲

2.9g

芋頭

2.3g

鷹嘴豆（水煮）

11.6g

豆渣

11.5g

地瓜

2.2g

日本山藥

1.0g

綜合豆

10.9g

納豆

6.7g

穀類

白米不含膳食纖維，所以必須添加糯麥、糙米或五穀雜糧；麵類則建議選擇蕎麥麵。

糯麥

12.9g

糙米

3.0g

1天20g膳食纖維！
豐富多變的午晚餐

主菜

以肉類、魚類、豆腐或蛋為主的料理，也納入富含膳食纖維的蔬菜時，就更具飽足感了！

活用番茄罐頭酸味的肉醬，與鬆軟的南瓜堪稱絕配

南瓜番茄焗烤肉醬

1人份
膳食纖維 **10.3**g / 590 kcal

材料 （2 人份）

南瓜 … 1/4 顆（250g）

雞腿絞肉 … 100g

芹菜 … 1/2 根（80g）

胡蘿蔔 … 1/2 小根（60g）

鷹嘴豆（水煮）… 50g

披薩專用起司 … 60g

麵粉 … 2 又 1/2 大匙

Ⓐ 番茄罐頭（切塊）… 1/2 罐（200g）

　　牛奶 … 1 杯

　　高湯粉（雞湯）… 2 小匙

　　鹽巴、胡椒 … 各少許

切碎的羅勒 … 適量

奶油 … 20g

膳食纖維
POINT

南瓜 & 鷹嘴豆

將富含膳食纖維的南瓜與鷹嘴豆搭在一起，就能同時享受南瓜的鬆軟口感與鷹嘴豆的嚼勁。

作法

1　去掉南瓜瓤與籽後用削皮刀大概去皮，接著切成邊長 2cm 的塊狀；芹菜去掉莖後切碎，胡蘿蔔同樣切碎。

2　用平底鍋融解奶油後，倒入絞肉用弱火～中火炒散，等一半的肉都變色後，倒入作法 1 與鷹嘴豆。續炒 3 ～ 4 分鐘倒入麵粉，炒至看不見粉末狀。

3　倒入Ⓐ後煮到沸騰，再轉弱火加熱 2 ～ 3 分鐘，接著移到耐熱容器，撒上起司後用烤箱烤 8 ～ 12 分鐘（以 180 度預熱 10 ～ 12 分鐘），直到表面出現焦色，完成後撒上羅勒。

濃醇感與鮮味讓人一動筷就停不下來

杏鮑菇牛肉雜菜

1人份
膳食纖維 **4.4g** / 370 kcal

材料 （2人份）

牛肉切邊肉 … 100g

杏鮑菇 … 1 朵（50g）

香菇 … 2 朵

青椒 … 2 朵

甜椒（紅）… 1/2 顆

綠豆粉絲 … 50g

Ⓐ 蠔油 … 1 大匙

　韓式辣椒醬、料理酒 … 各 2 小匙

麻油 … 1 大匙

炒熟白芝麻、七味粉 … 各適量

膳食纖維
POINT

杏鮑菇、香菇

杏鮑菇、香菇等菇類，不僅含有豐富膳食纖維，還能品嘗到菇類的鮮甜，因此將數種菇類搭配在一起，能讓整體菜色更佳美味。

作法

1　依包裝上的標示泡軟粉絲，再簡單切段；杏鮑菇先縱切成兩半後，再斜切成 5mm 厚的片狀；另外香菇切成 5mm 厚，青椒與甜椒則切成 8mm 厚。

2　將麻油倒入平底鍋熱油後，倒入牛肉、杏鮑菇、香菇、青椒與甜椒，以中火～強火炒 2 分鐘左右。

3　倒入粉絲拌勻後再添加Ⓐ，接著快速拌炒。料理盛盤後，再撒上芝麻與七味粉，即完成。

溼潤滑順的口感令人上癮！

鹿尾菜豆腐漢堡排

| 1人份
膳食纖維 **6.5g** / 397 kcal |

材料 （2 人份）

雞胸絞肉 … 150g

嫩豆腐 … 1/2 盒（150g）

鹿尾菜（水煮）… 50g

打散的蛋液 … 1 顆的量

Ⓐ 麵包粉 … 1/2 杯
　炒熟黑芝麻 … 2 大匙
　麵味露（2 倍濃縮）、水
　… 各 1 大匙

沙拉油 … 2 小匙

青紫蘇 … 2 片

小番茄 … 4 顆

〈滑菇泥醬〉

白蘿蔔 … 15cm（約 350g）

滑菇 … 50g

膳食纖維 POINT

鹿尾菜

鹿尾菜含有豐富的膳食纖維、礦物質、鈣質與鐵質，對減肥與養顏美容都很有幫助，再搭配大量的滑菇泥就更健康了！

作法

1　豆腐瀝乾後用廚房紙巾包起，放到耐熱盤上覆蓋保鮮膜，用微波爐加熱 2 分鐘。接著換上新的廚房紙巾，壓出剩餘的水氣；鹿尾菜同樣以廚房紙巾包起，吸乾水分。

2　白蘿蔔削皮後磨成泥，並擰乾水分。另外煮沸熱水後倒入滑菇，水煮 1 分鐘左右後撈起，與蘿蔔泥拌在一起。

3　將Ⓐ倒入碗中泡軟。

4　將絞肉、作法 **1**、打散的蛋液與作法 **3** 倒入另一個碗中，均勻攪拌後分成兩等份，用拋打的方式擠出空氣，再按壓成厚度 3cm 的圓餅狀。

5　將沙拉油倒入鍋中熱油後，用中火～強火將 **4** 煎至出現焦痕，然後翻面轉弱火，蓋上鍋蓋後蒸 7 ～ 8 分鐘。完成後擺在鋪有青紫蘇的盤子上，再淋上 **2**、擺上小番茄，最後可以依口味淋上柑橘醋醬油。

用鯖魚罐頭省時又輕鬆！

鯖魚麻婆豆腐

1人份
膳食纖維 **5.8**g / 364 kcal

材料 （2 人份）

嫩豆腐 … 1 盒（300g）

水煮鯖魚罐頭 … 1 罐
（160g ／固形量 140g）

鴻喜菇 … 1 包（120g）

金針菇 … 1/2 包（100g）

Ⓐ 切碎的蔥 … 1/4 根的量
　蠔油 … 1 大匙
　豆瓣醬 … 2 小匙
　蒜泥、薑泥 … 各 1 小匙
　山椒粉 … 1/2 小匙

Ⓑ 雞骨高湯 … 1 杯
　料理酒 … 2 小匙
　醬油 … 1 小匙

鹽巴、胡椒 … 各適量

用水溶解的太白粉 … 適量
（水：太白粉＝1：1）

麻油 … 1 大匙

斜切青蔥 … 20g

作法

1　豆腐瀝乾後切成邊長 2cm 的塊狀，擺在鋪有廚房紙巾的耐熱盤上，撒上少許鹽巴（份量另計）後，覆蓋保鮮膜，用微波爐加熱 2 分鐘左右，去除多餘的水分。

2　撥開鴻喜菇，另外把金針菇切成 2cm 長後，再拆開。

3　將麻油倒入平底鍋熱油後，用中火炒作法 **2** 約 1～2 分鐘，接著倒入Ⓐ後快速拌炒。

4　將Ⓑ煮到稍微沸騰時，倒入瀝乾湯汁的鯖魚與 **1**，轉弱火～中火煮約 1 分鐘後，撒上鹽巴與胡椒調味。接著倒入以水溶解的太白粉增加黏稠度，盛盤後再擺上青蔥，並依口味撒上山椒粉。

膳食纖維
POINT

山椒粉

日式調味料山椒粉與鯖
魚罐頭，能夠讓腸道更
有活力。大量菇類則能
攝取充足膳食纖維，提
升飽足感！

只有雞肉的部分沾粉，雞皮仍可煎得金黃酥脆

蒜味川香辣油淋雞

1人份
膳食纖維 **6.3**g / 591kcal

材料 （2 人份）

雞腿肉 … 1 片（250g）
青花菜 … 100g
牛蒡 … 1/2 根（100g）
小番茄（縱向切半）… 4 顆
水菜 … 40g
鹽巴、胡椒、太白粉 … 各適量

Ⓐ 醬油 … 2 又 1/2 大匙
醋、砂糖 … 各 2 大匙
薑末 … 15g
辣椒切片 … 2 根
蒜泥 … 1/4 小匙

Ⓑ 打散的蛋液 … 1 顆的量
太白粉 … 3 大匙

橄欖油 … 2 大匙

作法

1 將青花菜分成小朵後汆燙；牛蒡切成不規則的細絲狀，泡水 10 分鐘後再撈起；水菜則切成 5cm 的長度。

2 將 Ⓐ 的醬油與醋倒入耐熱碗中，用微波爐加熱 20 ～ 30 秒，接著倒入剩下的Ⓐ拌勻。

3 雞腿肉較厚的部分劃出刀痕，撒上鹽巴與胡椒後塗抹太白粉。用另外一個碗將 Ⓑ 拌勻後，將雞腿肉沒有皮的這面沾上Ⓑ。

4 將橄欖油倒入平底鍋熱油後，將沾粉面朝下放入，用中火煎 2 ～ 3 分鐘，過程中要不時用湯匙舀油淋在雞皮上。翻面後同樣煎 2 ～ 3 分鐘，接著稍微瀝油後再取出，切成方便食用的大小。

5 將牛蒡與青花菜倒入平底鍋中，用中火～強火炒至出現焦色，起鍋後，用廚房紙巾吸掉多餘油分，倒入作法 2 中攪拌。

6 將水菜鋪在圓盤上，放上作法 4、5 與小番茄後，淋上剩下的Ⓐ，即完成。

以鮪魚結合各種食材

蓮藕丸子佐山葵醬

**1人份
膳食纖維** **6.5**g / 337 kcal

材料 （2人份）

蓮藕 … 2 小節（300g）
菠菜 … 150g
鴻喜菇 … 1/2 包（60g）
水煮鮪魚罐 … 1 罐（70g）

Ⓐ 太白粉 … 2 小匙
│ 鹽巴、胡椒 … 各少許

Ⓑ 鵪鶉蛋（水煮）… 6 顆
│ 水 … 1又 1/2 杯
│ 麵味露（2 倍濃縮）… 4 大匙

山葵醬 … 2 小匙
用水溶解的太白粉 … 適量
（水：太白粉＝1：1）

蔥白絲 … 1/4 根

作法

1 取 2/3 的蓮藕切碎，剩下的磨成泥。將蓮藕泥放進耐
熱盤，覆蓋保鮮膜，用微波爐加熱 2 分鐘左右，趁熱
倒進碗中與切碎的蓮藕、瀝掉湯汁的鮪魚罐頭、Ⓐ 拌
在一起，接著捏成直徑 3 ～ 4cm 的球型。

2 用鹽水燙熟菠菜後，放入冷水冰鎮，瀝乾水後切成
4 ～ 5cm 長。另外撥開鴻喜菇備用。

3 將Ⓑ倒入鍋中煮 1 ～ 2 分鐘，沸騰前倒入鴻喜菇與作
法 **1** 後蓋上鍋蓋，轉弱火煮 6 ～ 8 分鐘，再撈起蓮藕
丸子放在餐盤上。

4 將山葵醬拌入鍋中溶解後，倒入用水溶解的太白粉勾
芡。完成後淋在蓮藕丸子上，再擺上菠菜與蔥白絲即
完成。

飯、麵類

搭配富含膳食纖維的蔬菜與菇類，能夠增加糞便量。
再添加蛋白質豐富的肉類、魚貝類或蛋，就成了營養百分百的一餐。

藉榨菜與玉米提升口感的簡單拌飯

榨菜玉米菇拌飯

1人份
膳食纖維 **7.7g** / 336 kcal

材料 （2人份）

含糙米的白飯（熱的）… 2 飯碗（約 300g）

香菇 … 4 朵

榨菜 … 60g

玉米罐頭（煮熟型）… 60g

青紫蘇 … 5 片

炒熟白芝麻 … 2 大匙

Ⓐ 醬油、味醂 … 各 1 小匙
　鹽巴 … 少許

作法

1　切掉香菇蒂頭後切丁，並放入耐熱盤，淋上Ⓐ後覆蓋保鮮膜，放進微波爐加熱 1 分 30 秒。

2　大略切碎榨菜，並將青紫蘇撕成 1cm 的大小，另外瀝乾玉米罐頭的湯汁。

3　將飯、作法 **1**、**2** 與芝麻放入碗中拌勻，即完成。

膳食纖維
POINT

含糙米的白飯

糙米、發芽糙米、糯麥與雜穀都是提升膳食纖維攝取量的好夥伴，但是這類食物不好消化，容易堆積在大腸中，必須仔細咀嚼。

膳食纖維
POINT

使用
蒟蒻絲的話

這裡藉菇類帶來大量膳食纖
維,將烏龍麵改成蒟蒻絲的
話,既可抑制醣類攝取又可提
升膳食纖維量,非常健康!

湯汁勾芡能夠讓麵條更入味！

咖哩烏龍麵

1人份
膳食纖維 **8.6**g / 466 kcal

材料（2人份）

烏龍麵（乾麵）… 160g
雞胸肉 … 100g
鴻喜菇 … 1 包（120g）
黑木耳（乾燥）… 8g
蔥 … 1 支

Ⓐ 水 … 3 又 1/2 杯
　麵味露（2 倍濃縮）… 3/4 杯
　咖哩粉 … 2 小匙
　薑泥 … 1 小匙
　鹽巴、胡椒 … 各少許

用水溶解的太白粉 … 適量
（水：太白粉＝ 1：1）

七味粉 … 適量

作法

1 煮烏龍麵的時間，要比包裝上的標示短一點，維持硬
一點的口感。

2 用水泡軟黑木耳後，切成方便食用的大小，接著撥開
鴻喜菇，並將蔥白切絲後泡水，剩餘部分則斜切成
5mm 厚。雞肉用削切的方式，切成 1cm 厚。

3 將Ⓐ 倒入鍋中，煮到稍微沸騰時，倒入雞肉用弱火煮
5 ～ 6 分鐘。接著倒入黑木耳、鴻喜菇與斜切蔥片煮
2 ～ 3 分鐘，即完成。

4 倒入用水溶解的太白粉勾芡後，再放入烏龍麵用弱火
煮 1 ～ 2 分鐘。起鍋後，再擺上去除水分的蔥絲，並
撒上七味粉，即完成。

用瘦腸食材酪梨&優格組成

酪梨義大利麵沙拉

1人份
膳食纖維 **8.1**g / 726 kcal

材料 （2人份）

短義大利麵 … 120g

酪梨 … 1 顆

維也納香腸 … 4 根

白花椰 … 150g

檸檬汁 … 適量

Ⓐ 原味優格 … 60g

　美乃滋 … 2 大匙

　橄欖油 … 1 大匙

　檸檬汁 … 1/2 小匙

　蒜泥 … 1/4 小匙

　鹽巴 … 少許

　橄欖油 … 適量

　粉紅胡椒（粗粒）… 適量

作法

1　酪梨去皮去籽後，將一半切成邊長 1cm 的塊狀，與
　Ⓐ 拌在一起製成醬料。另一半斜切成 2 ～ 3mm 片
　狀，再淋上檸檬汁。

2　煮義大利麵的時間，要比包裝上的標示短一點，維
　持硬一點的口感，撈起後拌入適量的橄欖油；另外
　將白花椰分成小朵。

3　倒 2 小匙橄欖油到平底鍋，用中火熱油後倒入香腸
　與白花椰，煎至整體表面出現焦色。

4　將酪梨、義大利麵與作法 **3** 盛盤後，淋上醬料再撒
　上粉紅胡椒，即完成。

膳食纖維
POINT

白花椰

本料理以瘦腸效果極佳的
優格與酪梨、膳食纖維豐
富的白花椰為主，另外也
可用青花菜代替白花椰。

鹿尾菜的膳食纖維 & 鰹魚的發酵能量

鹿尾菜乾燥番茄燉飯

| 1人份 膳食纖維 | **5.5**g / 696 kcal |

材料 （2～3 人份）

米 … 360ml（2 杯）
蝦子 … 8 隻
小扇貝 … 8 ～ 10 顆
鹿尾菜（水煮）… 90g
乾燥番茄 … 30g

Ⓐ 蒜末 … 2 瓣的量（20g）
　切碎的鰹魚肉 … 20g
　洋蔥末 … 1/4 顆的量
　白酒 … 2 大匙

Ⓑ 高湯 … 1 又 1/2 杯
　醬油、味醂、料理酒 … 各 2 大匙
　鹽巴 … 1/4 小匙

橄欖油 … 3 大匙
乾燥羅勒、甜椒粉 … 各適量
切成半月型的檸檬 … 1/2 顆的量

作法

1 挑掉蝦背的沙腸，用廚房紙巾吸乾鹿尾菜的水氣；乾燥番茄泡水軟化後，同樣吸乾水氣。

2 將橄欖油倒入鍋中熱油後，倒入米、蝦子、小扇貝與Ⓐ後整體拌勻，接著倒入白酒，以弱火～中火炒 2 分鐘左右，直到米變得有些透明為止。

3 倒入Ⓑ後輕輕攪拌，接著倒入乾燥番茄與鹿尾菜拌勻，並翻出部分蝦子與扇貝，使其表面朝上。

4 煮到稍微沸騰時，蓋上鍋蓋，用弱火加熱 10 ～ 12 分鐘後關火，然後燜 15 分鐘左右。完成後撒上乾燥羅勒、甜椒粉，最後擺上檸檬即可。

膳食纖維 POINT

乾燥番茄

凝聚了鮮味的乾燥番茄，其實也富含膳食纖維，再搭配鹿尾菜與鰹魚又能進一步提升瘦腸效果！

調理 POINT

火候太弱時就算燜很久，口感還是會溼溼黏黏，這時可以蓋上鍋蓋，以弱火加熱數分鐘，使水氣蒸發（加熱時間與燜的時間要依鍋具種類微調，用平底鍋時的作法亦同）。

一口咬下軟嫩多汁！全新口感令人上癮

醬燒蒟蒻豬肉捲

1人份
膳食纖維 **8.4**g / 465 kcal

材料 （2人份）

蒟蒻 … 300g
豬五花肉片 … 150 ～ 200g
舞菇 … 1 包 (120g)
秋葵 … 4 根
太白粉 … 適量

Ⓐ 洋蔥泥 … 1/4 顆的量
薑泥 … 1/2 小匙
醬油 … 3 大匙
味醂、水 … 各 2 大匙
蜂蜜 … 2 小匙

麻油 … 2 小匙

作法

1　蒟蒻水煮約 1 分鐘，再用冷水冰鎮。用廚房紙巾擦乾
水分後，切成 6 等份的棒狀。

2　稍微撥開舞菇，秋葵去蒂頭後切成不規則狀。

3　用豬肉捲起作法 **1** 後，整捲沾取太白粉。

4　將麻油倒入平底鍋熱油後，以中火開始煎作法 **3**、**2**，
等豬肉出現焦色後，倒入已另外拌好的Ⓐ，續煮 1 ～
2 分鐘，直到豬肉捲入味。

膳食纖維
POINT

蒟蒻

這是道善用蒟蒻優勢的大份量
料理。蒟蒻健康又兼顧飽足
感，同時還能攝取充足的膳食
纖維，只是滋味比較淡，因此
調味可以加重一點。

副菜

想要每天攝取充足的膳食纖維，副菜是很重要的角色。
所以請盡情使用富含膳食纖維的蔬菜與菇類吧。

發揮明太子滋味的和風調味

明太子胡蘿蔔絲

1 人份
膳食纖維 **2.1**g / 284 kcal

材料 （2 人份）

胡蘿蔔 … 2 小條（300g）

鹽巴 … 少許

Ⓐ 辣味明太子（清除薄皮）… 1 片（40g）

美乃滋 … 4 大匙

橄欖油 … 1 大匙

醋 … 2 小匙

味噌 … 1 小匙

作法

1 將胡蘿蔔切成絲，撒上鹽巴靜置約 10 分鐘，再用廚
房紙巾吸走多餘的水分。

2 將Ⓐ倒入碗中拌勻後，與 1 拌在一起，即完成。

膳食纖維
POINT

胡蘿蔔

胡蘿蔔擁有膳食纖維、β-
胡蘿蔔素等豐富的營養，
再依口味添加葡萄乾，就
能夠使膳食纖維量大增！

菇類的 β - 葡聚醣能維持腸道健康，是主菜也是下酒菜

辣味醃章魚佐綜合菇

1人份 膳食纖維	**6.8**g / 292 kcal

材料 （2 人份）

水章魚（或一般水煮章魚）… 80 ～ 100g

鴻喜菇 … 1/2 包（100g）

舞菇 … 1/2 包（100g）

金針菇 … 1/2 包（100g）

紫洋蔥 … 1/2 顆

小番茄（黃）切片 … 4 顆的量

Ⓐ 橄欖油 … 2 大匙
　　醬油 … 2 小匙
　　味醂、山葵醬、義大利香醋 … 各 1 小匙
　　鹽巴、粗粒黑胡椒 … 各少許

鹽巴、粗粒黑胡椒、甜椒粉 … 各適量
橄欖油 … 1 大匙

膳食纖維
POINT

鴻喜菇、舞菇、金針菇

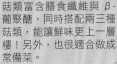

菇類富含膳食纖維與 β - 葡聚醣，同時搭配兩三種菇類，能讓鮮味更上一層樓！另外，也很適合做成常備菜。

作法

1　章魚切片、撥開鴻喜菇與舞菇，金針菇切成 2cm 長後再撥開；紫洋蔥橫切成 2 ～ 3cm 的寬度後，泡水。

2　將橄欖油倒入平底鍋熱油後，倒入菇類、撒上鹽巴與黑胡椒，用中火～強火炒約 3 分鐘，接著盛盤待冷卻。

3　將Ⓐ倒入碗中攪拌後，放入作法 **2**、章魚、小番茄拌在一起。

4　餐盤上鋪好瀝乾的紫洋蔥，倒入作法 **3**，最後撒上甜椒粉，即完成。

和風的牛蒡竟意外適合歐風義大利香醋

金平牛蒡菇菇佐義大利香醋

材料（2 人份）

牛蒡 … 1 支（200g）

金針菇 … 1/2 包（100g）

蒟蒻絲 … 100g

Ⓐ 醬油、紅酒 … 各 2 大匙
　砂糖、義大利香醋 … 各 1 大匙

橄欖油 … 1 大匙

1人份
膳食纖維 **9.1**g ／ 183 kcal

作法

1　將牛蒡切成不規則細絲狀，泡在水中約 10 分鐘後撈起；金針菇切成 3～4cm 後撥開；蒟蒻絲汆燙後用冷水冰鎮，接著瀝乾水分後再大略切開。

2　將橄欖油倒入平底鍋中熱油，以中火炒牛蒡 2～3 分鐘，接著倒入蒟蒻絲將所有食材拌在一起。最後倒入拌好的Ⓐ，再炒 2～3 分鐘即完成。

膳食纖維
POINT

蒟蒻絲

蒟蒻絲與金針菇都含有豐富的膳食纖維，另外搭配紅酒與義大利香醋就成了西式金平。

拌好調味醬後再淋上，簡單又美味

奶油味噌炒菠菜

1人份
膳食纖維 **5.6**g / 163 kcal

材料 （2人份）

菠菜 … 200g
舞菇 … 1 包（120g）

Ⓐ 味噌、味醂 … 各1又1/2 大匙
胡椒 … 少許
奶油 … 20g

作法

1　菠菜大略切段，並稍微撥開
　　舞菇，備用。

2　用平底鍋融解奶油後，用中
　　火～強火將作法 1 炒至軟
　　化，接著倒入拌好的Ⓐ後繼
　　續炒熟。

膳食纖維
POINT

菠菜

用充滿營養的菠
菜，搭配膳食纖維
豐富的菇類，再加
上經典的味噌奶油
更是下飯。

爽脆的蓮藕搭配鮪魚沙拉，大人小孩都喜愛

蓮藕鹿尾菜拌鮪魚沙拉

材料 （2 人份）

蓮藕 … 1 大節（300g）

鹿尾菜（水煮）… 100g

毛豆（冷凍）… 30g（去莢重量）

油漬鮪魚罐頭 … 1 罐（70g）

Ⓐ 美乃滋 … 3 大匙

　炒熟黑芝麻 … 1 大匙

　醋 … 2 小匙

　黃芥末醬 … 1 小匙

1人份 膳食纖維	**6.3**g / 386 kcal

作法

1　毛豆解凍後去莢，蓮藕切成 5mm 厚的銀杏狀，接著用倒入適量醋（份量另計）的熱水煮 1 分鐘後，用冷水冰鎮。

2　作法 **1** 冰鎮完撈起，用廚房紙巾包起去除水氣，鹿尾菜則用廚房紙巾包住後擰乾。

3　將作法 **1**、瀝乾油的鮪魚與 Ⓐ 一起倒入碗中拌勻，即完成。

膳食纖維
POINT

蓮藕 & 鹿尾菜

這是富含膳食纖維的副菜。鮪魚與鹿尾菜處理得越乾，越可延長保存期限。

具柑橘醋與橄欖油香氣，增添清爽度的涼拌料理

鹽昆布高麗菜拌橘醋醬

1人份
膳食纖維 **4.0**g / 115 kcal

材料 （2人份）

高麗菜 … 1/4 顆（250g）
紫洋蔥 … 1/4 顆
鹽昆布 … 20g

Ⓐ 柑橘醋醬油 … 2 大匙
│ 橄欖油 … 1 大匙

作法

1　高麗菜與紫洋蔥均切絲。

2　將 1 與鹽昆布倒入碗中攪拌
　　後，靜置 15 ～ 20 分鐘，接
　　著以廚房紙巾包住，去除多
　　餘水氣，與Ⓐ拌在一起即完
　　成。

膳食纖維
POINT

高麗菜、鹽昆布

高麗菜與紫洋蔥含有大量的膳
食纖維。高麗菜先去除多餘水
分後才調味，所以相當入味。

115

義大利香醋的酸味令人上癮

雜穀鮮蔬沙拉

1人份
膳食纖維 **3.5**g / 180 kcal

材料 （2人份）

綜合雜穀（乾燥包裝）… 40g

甜豆 … 100g

四季豆 … 100g

Ⓐ 橄欖油、美乃滋 … 各1大匙
芥末籽醬 … 2小匙
義大利香醋 … 1小匙

作法

1 甜豆去蒂頭與粗絲、四季豆
切半，接著將兩者一起倒入
鹽水中，煮1分鐘左右。

2 將Ⓐ倒入碗中拌勻，倒入作
法1與綜合雜穀拌勻，即完
成。

膳食纖維
POINT

綜合雜穀

這裡的綜合雜穀是由
穀類與豆類組成，是
豐富膳食纖維的來
源，另外，也可依喜
好改成糯麥與藜麥等。

使用鮭魚罐頭的話，不用炸也能夠輕易完成！

南蠻風鮭魚佐海帶芽

**1人份
膳食纖維 3.1g / 271kcal**

**膳食纖維
POINT**

海帶芽

從海帶芽與綠蘆筍中攝
取大量膳食纖維！鮭魚
與檸檬的搭配，則能呈
現華麗又清爽的滋味。

材料 （2 人份）

水煮鮭魚罐頭 … 1 罐
（180g ／固形量 150g）

切好的海帶芽 … 8g

綠蘆筍 … 6 根

炒熟白芝麻 … 少許

Ⓐ 檸檬（切片後搾完汁）… 1/2 顆的量

　水 … 1/2 杯

　醬油、味醂、白酒醋 … 各 2 大匙

　砂糖 … 1 又 1/2 大匙

　薑泥 … 1 小匙

作法

1　海帶芽用水泡軟後，撈起瀝
　乾水分；切掉綠蘆筍較硬的
　根部，並以削皮刀削掉較大
　的鱗片葉後，切成不規則
　狀，用鹽水煮 1 分鐘後放入
　冷水冰鎮，撈起後再瀝乾水
　分。

2　將Ⓐ倒入碗中攪拌，再將瀝
　乾湯汁並撕成肉絲的鮭魚、
　作法 1 倒入拌勻，盛盤後撒
　上芝麻。另外，也可依喜好
　放進冰箱冷藏後再享用。

117

香菇切厚一點能讓口感更有嚼勁

蠔油炒青江菜

材料 （2人份）

青江菜 … 250g
鮮香菇 … 6 朵

Ⓐ 蠔油、料理酒 … 各1又1/2 大匙
　蒜泥 … 1 又 1/2 小匙

麻油 … 1 大匙

1人份
膳食纖維 **4.8**g / 109 kcal

作法

1　青江菜概略切段後，將菜葉
　與菜莖分開；香菇切掉蒂頭
　後切成一半。

2　將麻油倒入平底鍋熱油後，
　用中火炒青江菜的菜莖部分
　約 2～3 分鐘，接著倒入菜
　葉與香菇炒 2～3 分鐘，最
　後倒入已拌在一起的Ⓐ，即
　完成。

膳食纖維
POINT

青江菜

青江菜與香菇這個組
合，能夠提供超豐富
的膳食纖維，並兼具
良好的口感與飽足感。

鹽麴與蔥的香氣刺激食慾，讓人胃口大開

蔥味鹽蒸菇菇蟹味棒

1人份
膳食纖維 **4.1g** / 111 kcal

材料 （2人份）

杏鮑菇 … 2 朵（100g）
鴻喜菇 … 1/2 包（60g）
蟹味棒 … 60g
蔥 … 1 根（100g）

Ⓐ 料理酒 … 2 大匙
　　鹽麴 … 1 大匙
　　麻油、醬油 … 各 1 小匙
　　辣椒絲 … 適量

作法

1 將杏鮑菇切成不規則塊狀，並撥開鴻喜菇；另外將蔥斜切成 1cm 的厚度。

2 將蟹味棒與 1 平均擺在耐熱盤上，再淋上拌好的 Ⓐ 並覆蓋保鮮膜，用微波爐加熱 3 分 30 秒。盛盤後再撒上辣椒絲。

膳食纖維
POINT

杏鮑菇、鴻喜菇

杏鮑菇、鴻喜菇與蔥都具有膳食纖維，另外搭配具瘦腸效果的發酵調味料「鹽麴」，讓腸道更有活力！

咖哩粉的香氣讓食慾大增，忍不住一口接一口

烤秋葵沙拉

1人份 膳食纖維 **4.5g** / 247 kcal

材料 （2 人份）

秋葵 … 10 根

維也納香腸 … 4 根

舞菇 … 1 包 (120g)

Ⓐ 橄欖油 … 1 大匙

　咖哩粉、蒜泥 … 各 1/2 小匙

　鹽巴、粗粒黑胡椒 … 各 1/4 小匙

炸洋蔥 … 適量

作法

1　秋葵去蒂後切成不規則狀，維也納香腸同樣切成不規則狀，另外撥開舞菇，備用。

2　將 Ⓐ 倒入碗中攪拌，再倒入 1 拌在一起，在烤箱托盤上鋪好烘焙紙後，烤 7 ～ 10 分鐘至表面出現焦色，盤後再撒上炸洋蔥。

膳食纖維
POINT

秋葵

以秋葵與菇類確實攝取膳食纖維。選擇菇類時，建議以舞菇等，水分較少的為主。

享受卡滋卡滋的爽脆口感

香甜和風山藥沙拉

1人份
膳食纖維 **2.0**g / 275 kcal

材料 （2人份）

日本山藥 … 200g
甜椒（黃）… 1/2 顆
紫洋蔥 … 1/4 顆
櫻花蝦（乾燥）… 5g

Ⓐ 美乃滋 … 4 大匙
　│ 黃芥末醬、醬油 … 各1小匙

海苔粉 … 少許

作法

1　將日本山藥切成邊長 1cm 的
　丁狀，甜椒切成 5mm 寬。紫
　洋蔥切絲後泡水，撈起後，再
　用廚房紙巾包住吸乾水氣。

2　將Ⓐ倒入碗中攪拌後，加入
　櫻花蝦與 1 拌在一起。盛盤
　後再撒上海苔粉，即完成。

膳食纖維
POINT

日本山藥

日本山藥、甜椒與紫洋蔥都
能夠帶來膳食纖維，黃芥末
醬與美乃滋則可增添清爽口
感。另外，可用火腿或炒過
的培根代替櫻花蝦。

刺激味覺的孜然香氣＆風味！

孜然風烤鷹嘴豆

1人份
膳食纖維 **9.6**g / 221kcal

材料 （2人份）

青花菜 … 150g

胡桃（粗粒）… 10g

Ⓐ 鷹嘴豆（水煮）… 50g

　日式綜合豆（乾燥包）… 50g

　番茄醬 … 2 大匙

　橄欖油 … 1 大匙

　孜然籽 … 1 小匙

　鹽巴、粗粒黑胡椒 … 各少許

作法

1　將青花菜切成小朵，備用。

2　將Ⓐ倒入碗中攪拌後，再加
入作法 1 拌在一起。在烤箱
托盤上鋪好烘焙紙後，烤 7 ～
10 分鐘至表面出現焦色。盛
盤後再撒上胡桃碎粒，即完
成。

膳食纖維
POINT

鷹嘴豆

鷹嘴豆不僅擁有豐富的
膳食纖維，鬆軟的口感
還能提升飽足感。沒有
孜然籽的話，也可用孜
然粉代替。

油菜的微微苦味，也是調味的一環

白酒蒸蛤蠣佐小番茄

1人份
膳食纖維 **3.3**g / 107 kcal

材料 （2人份）

蛤蠣（帶殼、已吐沙）… 250g

油菜 … 100g

小番茄 … 8 顆

Ⓐ 蒜片 … 2 瓣的量
　白酒 … 4 大匙
　橄欖油、醬油 … 各1小匙
　鹽巴 … 少許

作法

1　將油菜切成 3 ～ 4cm 長，備
　用。

2　作法 **1**、小番茄與蛤蠣依序
　倒入鍋中，添加Ⓐ後煮 1 ～
　2 分鐘，沸騰前蓋上鍋蓋，弱
　火～中火煮 4 ～ 6 分鐘直到
　蛤蠣打開。

膳食纖維
POINT

油菜

用富含膳食纖維的油菜，
搭配瘦腸調味料「白酒
醋」。白酒能讓經典的酒
蒸蛤蠣更加香濃，也可用
綠蘆筍或醜豆代替油菜。

醣類含量一覽表

※ 沒有特別説明的部分，都是每 100g 的含量。

肉類	醣類（g）
牛腿肉	0.4
豬腿肉	0.2
雞胸肉（帶皮）	0.1
雞腿肉（帶皮）	0
牛絞肉	0.3
豬絞肉	0
雞絞肉	0
羊腰脊肉	0.2
維也納香腸	3.0
生火腿	0
培根	0.3

魚類	醣類（g）
鯵魚、1 尾 180g	0.1
秋刀魚、1 尾 150g	0.1
鮭魚	0.1
鮪魚、紅肉	0.1
劍旗魚	0.1
鰹魚（春季捕獲）	0.1
鰹魚（秋季捕獲）	0.2
蝦子	0.3
北魷	0.1
普通章魚、水煮	0.1
蛤蜊 250g	0.4
牡蠣、1 顆 70g	1.2

蛋	醣類（g）
雞蛋、全蛋　1 顆	0.2

大豆製品	醣類（g）
板豆腐	1.2
嫩豆腐	1.7
無糖豆漿 100ml	3.0
油豆腐	0.2
豆皮	0
納豆 1 包	2.7

乳製品	醣類（g）
原味優格 100ml	5.1
加工起司	1.3
含鹽奶油	0.2
鮮奶油	3.1
牛奶 100ml	5.0

蔬菜、菇類	醣類（g）
菠菜	0.3
小松菜	0.5
豆芽菜	1.3
韭菜	1.3
秋葵	1.6
小黃瓜	1.9
蔥白較長的蔥	5.8
洋蔥	7.2
蒜頭	21.3
竹筍	2.2
青椒	2.8
白蘿蔔	2.7
大白菜	1.9
青花菜	0.8
白花椰	2.3
茄子	2.9
水菜	1.8
胡蘿蔔	6.5
番茄	3.7
小番茄	5.8
四季豆	2.7
甜豆	7.4
高麗菜	3.4
綠蘆筍	2.1
酪梨	0.9
鮮香菇	1.5
舞菇	0.9
杏鮑菇	2.6
金針菇	3.7
鴻喜菇	1.3
蘑菇	0.1

飲料 100ml	醣類（g）
啤酒	3.1
紅酒	1.5
白酒	2.0
粉紅酒	4.0
燒酎	0
清酒、純米酒	3.6
清酒、普通酒	4.9
梅酒	21.3
紹興酒	5.1
伏特加	0
威士忌	0
蘭姆酒	0.1
咖啡	0.7
紅茶	0.1
運動飲料	5.1
柳橙汁（100%）	11.2

調味料（均為每 1 大匙）	醣類（g）
精製鹽巴	0
濃口醬油	1.8
橄欖油	0
調合油	0
麻油	0
美乃滋（全蛋型）	0.4
美乃滋（蛋黃型）	0.1
胡椒	4.0
米醋	1.1
米味噌、淡色重鹹味噌	3.1
上白糖	8.9
番茄醬	4.7
伍斯特醬	4.8
中濃醬	6.3
麵味露（3 倍濃縮）	4.2
麵味露（一般型）	1.6
味醂風、本味醂	7.8
烤肉醬	5.9

其他	醣類（g）
蒟蒻、蒟蒻絲	0.1

Part 3

瘦腸 × 控醣活動
真正的瘦身方案

因「能瘦身」、「很快就會有效果」而備受討論的控醣飲食，
最大的魅力就是能夠大吃肉類與魚肉！
但是只關注整體醣類攝取，卻可能因為過度攝取蛋白質造成便祕或肌膚粗糙。
有時甚至會對腸道造成相當大的負擔。
因此接下來要介紹兼具「超低醣類」與「豐富膳食纖維」的食譜，
可以說是充滿了好處！

檢視
膳食纖維量

| 1人份
膳食纖維 | **10**g | 醣類 | **0.2**g | / 198 kcal |

1 餐的醣類
攝取要控制在
20g 以下。

控醣減重＋瘦腸活動
讓人真正瘦得漂亮！

成功瘦身了！能夠輕易持續！因為這些優點而蔚為風潮的控醣減重，最令人苦惱的困境就是「便祕」。

所以，接下來要介紹能夠健康減重的食譜，幫助大家兼顧控醣與改善便祕。先一起了解控醣後的各種影響吧！

控醣的效果與煩惱

- 立刻見效，令人驚豔！
- 能夠確實減重。
- 能夠食用大量的肉類、海鮮與蔬菜，心理壓力較輕。

- 容易產生便祕。
- 肌膚變粗糙了……

控醣減重的陷阱就是會造成腸道困擾！

控醣 × 瘦腸生活好清爽！
認真實行專心減重週吧

什麼是**控醣減重**？

成功瘦身了！能夠輕易持續！因為這些優點而蔚為風潮的控醣減重，最常提起的風險就是「便祕」。書中介紹的食譜，能夠幫助大家兼顧控醣與改善便祕問題。

碳水化合物**扣掉**膳食纖維**後就剩下**醣質

大家聽到醣質會想到什麼呢？其實醣質不僅存在於甜食內，飯食、麵包與麵類等，也含有大量醣類，這裡提到的醣類其實就是主食的營養素之一「碳水化合物」。「碳水化合物」扣掉「膳食纖維」後，剩下的就是「醣質」。但是主食的膳食纖維量很少，也就是說「碳水化合物」幾乎等於「醣質」。

藉此確認營養成分

營養成分標示：平均每 100g

熱量	:65kcal
蛋白質	:3.9g
脂質	:3.1g
碳水化合物	:5.4g
鈉	:47mg
鈣	:120mg

食品的營養成分標示中，不一定會標出「醣類」，由於「碳水化合物」幾乎等於「醣類」，所以可以直接確認「碳水化合物」。

攝取後會在體內運作的三大營養素

01
蛋白質

02
脂質

03
醣類

組成肌肉、內臟、頭髮與指甲等成分。

多餘的醣類只會變成脂肪。

醣類**是會轉化成**身體能量**的**重要營養素

對人體來說非常重要的「三大營養素」，分別是蛋白質、碳水化合物（醣類）與脂質。其中碳水化合物會在體內轉化成葡萄糖，是身體很重要的能量來源；但是沒有轉化成能量消耗掉的部分，會以脂肪的形式堆積在體內，所以過度攝取碳水化合物，是不利於身體健康的。

首先了解為什麼會變胖？

為什麼攝取大量醣類就會發胖呢？我們從食物中攝取的醣類，會在體內轉換成能量來源「葡萄糖」，當血液中的葡萄糖量過多時，血糖值就會急速攀升。此時，胰臟就會分泌出稱為「胰島素」的荷爾蒙，將葡萄糖帶到肝臟與肌肉內，但是這兩處的葡萄糖容量有限，用餐攝取過多的醣類時，體內就會出現多餘的醣類（葡萄糖），這次胰島素就會將葡萄糖轉化成脂肪積蓄在體內。像這樣血糖值急遽攀升引發胰島素分泌後，就會造成體內脂肪增加，因此，胰島素又稱為「肥胖荷爾蒙」。

大量醣類造成肥胖的過程

用餐攝取大量醣類

⬇

血糖值上升
（血液中葡萄糖增加）

⬇

胰臟分泌胰島素

⬇

將葡萄糖帶到肝臟與肌肉

⬇

一部分作為身體能量消耗掉

⬇

出現多餘的葡萄糖

⬇

轉化成中性脂肪堆積在
脂肪細胞中

⬇

攝取過多醣類的話，
就會養成充滿脂肪的身體！

控醣為什麼可以變瘦

接下來複習一下為什麼控醣能夠變瘦。控醣飲食能夠抑制血糖值提升，當然就不會分泌出胰島素。身體無法從食物中獲取能量來源——葡萄糖，就只好分解身體脂肪產生「酮體」這種物質。身體會用酮體代替醣類消耗掉，因此光是控醣就能夠減少脂肪，達到瘦身效果。

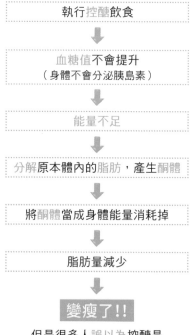

控醣瘦身的過程

執行控醣飲食

⬇

血糖值不會提升
（身體不會分泌胰島素）

⬇

能量不足

⬇

分解原本體內的脂肪，產生酮體

⬇

將酮體當成身體能量消耗掉

⬇

脂肪量減少

⬇

變瘦了!!

但是很多人誤以為控醣是
「只吃肉類、魚肉與起司就會瘦」

這麼做會導致膳食纖維量不足，引發「便祕」與「肌膚粗糙」的問題，還會對腸道造成負擔，招致腸胃疾病或小腹突出。

本書介紹的食譜在去除「醣類」之餘，補充了大量的膳食纖維，以同時達到瘦得美麗的效果。

哪些食材不含醣類呢？

OK!

- ■ 所有肉類（牛肉、豬肉、肌肉、羊肉、肉類加工食品等）
- ■ 所有海鮮類、海藻
- ■ 蛋、蒟蒻、蒟蒻絲
- ■ 豆類、大豆加工食品（豆腐、油豆腐、豆皮、無糖豆漿、納豆）
- ■ 乳製品（原味優格、起司、奶油、鮮奶油）
- ■ 蔬菜、菇類（葉菜類、芽菜、秋葵、小黃瓜、蔥、蒜頭、竹筍、青椒、白蘿蔔、大白菜、綠蘆筍、酪梨、菇類等）
- ■ 飲品（燒酌、伏特加、威士忌、琴酒、白蘭地、蘭姆酒、咖啡、紅茶）
- ■ 調味料（鹽巴、醬油、所有的油品、美乃滋、所有辛香料、醋）

稍微忍一下

- ■ 穀類（米飯、麵包、麵食、義大利麵、麥片）
- ■ 麵粉、用麵粉做成的加工食品
- ■ 蔬菜（薯類、蓮藕等根莖類、玉蜀黍、南瓜）
- ■ 果乾
- ■ 飲品（清酒、啤酒、紹興酒、梅酒）
- ■ 所有點心類
- ■ 調味料（砂糖、伍斯特醬、中濃醬、麵味露、料理酒、味醂、咖哩或奶油燉菜的湯塊等）

只要這段期間稍微忍耐別吃碳水化合物……

富含碳水化合物與膳食纖維的根莖類蔬菜，是很棒的瘦腸食材，但是含醣量較高，所以想要專注於瘦身時，就請花一段時間，稍微忍耐別吃碳水化合物。Part 3 介紹的食譜，含有大量蛋白質與膳食纖維，能夠幫助大家在重要時刻時，藉由控醣打造良好體態之餘，還能維持健康的瘦腸飲食。

只要一盤就能控制醣類攝取量，目標為一餐 20g 以下

單盤餐 5日 速瘦方案

想瘦身的話就先嘗試五天吧！
挑戰一餐兼顧控醣 × 瘦腸的單盤型食譜！
這些料理的份量都相當充足，剛剛好的飽足感讓人不會挫敗！

**5Days
速瘦方案
[Day]** **1**

羊肉含有能促進脂肪燃燒的肉鹼，
所以請盡情享用吧！
再搭配與羊肉堪稱絕配的孜然與香菜，
打造出異國風的美味。
但不敢吃羊肉的人請不要勉強食用。

香菜羊小排餐

材料（2人份）

帶骨羊小排 … 6 根（600g）
茄子 … 2 條
甜椒（紅）… 1 顆
香菜 … 10g

Ⓐ 鹽巴、粗粒黑胡椒 … 各少許
　孜然粉 … 1 小匙

鹽巴 … 少許

Ⓑ 蠔油、醬油 … 各 1 小匙

橄欖油 … 2 大匙
芥末籽醬 … 各適量

作法

1　將Ⓐ均勻抹在羊小排的兩面，茄子縱切成 4 等份，甜椒切成 1cm 寬，香菜則稍微切一下。

2　將橄欖油倒入平底鍋熱油後，放入茄子與甜椒再撒鹽，並以中火炒至整體出現焦色後盛盤。

3　放入羊小排用中火～強火仔細煎熟，直到表面出現焦色再拌入Ⓑ，拌好後關火蓋上鍋蓋燜 2 ～ 3 分鐘。

4　將羊小排、香菜與作法 2 擺在一起後，加上芥末籽醬，即完成。

MINI
COLUMN

搭配控醣減重
的救星——
麩皮吐司！

一般吐司含醣量為 20～
40g，但是麩皮吐司 1 片卻只
有 2g，因此也可以搭配這種
醣類少、膳食纖維高的吐司。

1人份
膳食纖維 **3.2g** 醣
類 **10.7g** / 425 kcal

這裡要分享光是香氣，
就令人食指大動的蒜香鮮蝦。
在醃漬蝦仁時，添加橄欖油的話會不易入味，
所以只在煎的時候加入橄欖油，是美味的關鍵。

蒜香紅椒鮮蝦餐

1人份 膳食纖維	**3.6g**	醣類	**16.4g** / 318 kcal

材料 （2人份）

蝦子（草蝦、帶殼）… 12 隻（200g）
洋蔥 … 1 顆
綠蘆筍 … 4 根
雞蛋 … 2 顆

Ⓐ 切段的紅辣椒 … 2 條的量
　醬油、白酒 … 各 1 大匙
　蒜泥 … 1 小匙
　辣椒粉、甜椒粉 … 各 1/2 小匙
　鹽巴、粗粒黑胡椒
　… 各 1/4 小匙

鹽巴 … 少許
粗粒黑胡椒 … 適量
橄欖油 … 2 大匙
貝比生菜 … 15g
切成半月狀的檸檬 … 2 片

作法

1 蝦子剝殼留尾，並切開蝦背，挑掉沙腸後稍微清洗，接著用廚房紙巾吸乾水氣。將Ⓐ倒入碗中攪拌後放入蝦子，揉過後再放入冰箱，醃漬 10 分鐘。

2 洋蔥切成 12 等份的半月狀；切掉綠蘆筍較硬的根部，並以削皮刀削掉較大的鱗片葉，再切成不規則狀。

3 將橄欖油倒入平底鍋熱油後，打蛋以中火煎成荷包蛋後起鍋。

4 將作法 1、2 倒入剛用過的平底鍋，以中火～強火炒至表面出現焦色後，再撒上鹽巴與黑胡椒調味。

5 將貝比生菜、作法 3 與檸檬一起擺盤後，撒上少許的黑胡椒，即完成。

MINI
COLUMN

**橄欖油兼具
瘦腸與控醣效果！**

控醣減重與控制熱量的減重
不同，能夠攝取大量優質油
品！而油品幾乎都不含醣類
喔！

蛋與菇類都是
無醣的優秀食材

低醣飲食中最棒的組合，就
是由高蛋白質低熱量的蛋，
搭配富含膳食纖維的菇類。
同時搭配兩三種菇類，還能
夠為鮮味加分。此外，這道
料理還搭配小番茄，點綴了
整體視覺效果！

5Days
速瘦方案
[Day]

3

能夠同時享受蔬菜口感
與生火腿鮮味的西班牙烘蛋，
只要以弱火仔細煎就可以了！
菇類搭配起司的話，香氣又更上一層樓。

西班牙烘蛋餐

1人份 膳食纖維	**6.1**g	醣類	**8.7**g	/ 447 kcal

材料 （2人份）

洋蔥 … 1/2 顆
青椒 … 2 顆
生火腿 … 30g
小番茄 … 10 顆
鴻喜菇 … 1 包（120g）
舞菇 … 1 包（120g）

Ⓐ 打散的蛋液 … 5 顆的量
　乾燥羅勒、起司粉 … 各1小匙

鹽巴、粗粒黑胡椒 … 各少許
橄欖油 … 2 大匙
細葉香芹 … 適量
美乃滋、起司粉 … 各適量

作法

1　將洋蔥切成邊長 1cm 的片狀，生火腿切成邊長 1cm 的塊狀。

2　稍微撥開鴻喜菇與舞菇，備用。

3　將 Ⓐ 倒入碗中攪拌後，再倒入作法 1 繼續拌勻。

4　將 1 大匙橄欖油倒入平底鍋（直徑 18cm）熱油後，倒入小番茄、鹽巴與黑胡椒後，以中火炒上 2 ～ 3 分鐘再盛盤。

5　倒 1 大匙橄欖油到作法 4 的平底鍋熱油後，倒入作法 3 並快速攪動整體，接著蓋上鍋蓋以弱火燜 15 ～ 20 分鐘，直到蛋液凝固。完成後，切成方便食用的大小與作法 4 一起盛盤，另外擺上細葉香芹與美乃滋，並撒上起司粉，即完成。

用蒔蘿碎末＆橄欖油拌成原味優格，
為鮭魚餐帶來令人上癮的好滋味。
將鮭魚換成劍旗魚或豬肉同樣美味。

蒔蘿水波蛋鮭魚餐

1人份 膳食纖維	**3.4**g	醣類	**4.2**g	/ 509 kcal

※ 不含麩皮麵包。

材料 （2人份）

鮭魚（切片）… 2 片
青花菜 … 100g
蘑菇 … 4 朵
紫洋蔥 … 1/4 顆
水波蛋 … 2 顆
鹽巴、胡椒 … 各少許
橄欖油 … 1 大匙

Ⓐ 簡單切碎的蒔蘿 … 2g
　 簡單切碎的黑橄欖 … 20g
　 原味優格 … 3 大匙
　 美乃滋 … 2 大匙
　 橄欖油 … 2 小匙
　 蒜泥 … 1/4 小匙

作法

1 紫洋蔥切絲後用水泡 10 分鐘左右，再撈起瀝乾水分；鮭魚兩面皆撒上鹽巴與胡椒；青花菜分成小朵；蘑菇縱切成 4 等份。

2 將橄欖油倒入平底鍋熱油後，先擺上鮭魚再把青花菜與蘑菇擺在空隙中，然後以中火將鮭魚煎至表面出現焦色。

3 將紫洋蔥絲鋪在餐盤上，再放上作法 2 的鮭魚、青花菜與蘑菇，淋上拌過的Ⓐ，最後再將水波蛋擺在鮭魚上，即完成。

MINI COLUMN

蛋

水煮蛋或水波蛋能夠大幅提升飽足感，是控醣飲食時的強大夥伴！這餐的含醣量可以說是超級低。

用富含膳食纖維且口感極佳的菇類與四季豆，
與豆類組成豐盛的一餐。
只用鹽巴與胡椒簡單調味的牛排，
搭配芥末籽醬讓調味更有變化。

蒜香芥末牛排餐

1人份 膳食纖維 **9.0**g 醣類 **12.8**g / 426 kcal

材料 （2 人份）

牛肉（牛排專用）… 2 小片（240g）
金針菇 … 1 包（200g）
四季豆 … 150g
綜合豆 … 50g
水煮蛋 … 2 顆
蒜頭（簡單切碎）… 4 瓣（20g）
鹽巴、粗粒黑胡椒 … 各適量
橄欖油 … 2 小匙

Ⓐ 芥末籽醬 … 2 小匙
　橄欖油 … 少許

作法

1 牛肉在調理前 20 ～ 30 分鐘，從冰箱取出退冰，煎之前再撒上鹽巴與黑胡椒。

2 金針菇與四季豆，均切成 3 ～ 4cm 長。

3 將橄欖油倒入平底鍋，以弱火爆香蒜末後取出，接著放入牛肉以中火～強火煎 1 分鐘，過程中不要移動，接著再翻面煎 30 秒左右，取出靜置 2 ～ 3 分鐘，即可切成適合食用的大小。

4 將作法 **2** 倒入作法 **3** 用過的平底鍋，以中火炒 2 ～ 3 分鐘後盛盤，並在上方依序放上 **3**、綜合豆、切半的水煮蛋與蒜末，最後淋上拌好的Ⓐ。

執行控醣減重，
依舊安心喝酒

控醣減重的一大特色，就是能
夠維持飲酒樂趣。飲酒能夠帶
來相當大的滿足感，藉此降低
減重的心理壓力，自然就能持
之以恆。建議選擇燒酎或威士
忌等低醣蒸餾酒，而非啤酒或
日本酒等釀造酒。

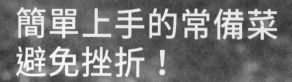

簡單上手的常備菜
避免挫折！

只要冰箱裡有常備菜，臨時有需求時就可以馬上派上用場！接著，要介紹含醣量少又有助於瘦腸的常備菜料理！

蒟蒻用手撕比較容易入味。
要做西班牙蔥蒜料理「ajillo」時，建議將蔬菜煮到軟爛。

西班牙蔥蒜章魚 Q 彈餐

1/6量的 膳食纖維	**3.2**g	醣 類	**1.3**g	/ 260 kcal

材料 （易於製作的份量、4～6 人份）

章魚（生魚片專用）… 200g

蒟蒻 … 300g

青花菜 … 200g

Ⓐ 橄欖油 … 3/4 杯

　蒜片 … 4 瓣的量（20g）

　紅辣椒（去籽）… 2 條

　鹽巴、粗粒黑胡椒 … 各 1/2 小匙

作法

1 將章魚切塊，蒟蒻撕成約一口大小，青花菜則分成小朵，備用。

2 將Ⓐ放進鍋中，以弱火煮到出現香氣後，再倒入作法 **1** 煮 10～15 分鐘，即完成。

瘦腸
POINT

麩皮麵包

香氣誘人的大蒜油，很適合搭配麵包。執行控醣飲食時，可以選擇含醣量較少，但是富含膳食纖維的麩皮麵包。

要吃多少拿多少，只要用微波爐稍微加熱即可。
另外，也可搭配黑麥麵包，打造成馬鈴薯沙拉三明治風。

豆渣泥沙拉

| 1/6量的膳食纖維 | **8.4**g | 醣類 | **4.5**g / 388 kcal |

材料 （易於製作的份量、4～6 人份）

豆渣 … 400g
小黃瓜 … 2 條
洋蔥 … 1/2 顆
油漬鮪魚罐（瀝乾湯汁）… 2 罐（140g）
鹽巴 … 適量

Ⓐ 美乃滋 … 200g
　咖哩粉 … 1 小匙
　胡椒 … 適量

作法

1 小黃瓜切成薄片後，撒上鹽巴靜置約 10 分鐘後，用
　廚房紙巾包住擰乾水分；洋蔥切成薄片，泡水一下
　後再瀝乾。

2 將鮪魚與Ⓐ倒入碗內攪拌後，再倒入豆渣與作法 1
　後，仔細拌勻，即完成。

瘦腸
POINT

豆渣

富含膳食纖維又能帶來飽足感的豆渣，是很健康的食材，這邊要將其製成馬鈴薯沙拉般的料理。豆渣會散發獨特的香氣，搭配美乃滋與咖哩粉的話會更易入口。

活用牛肉鮮味與辛香料的辣豆醬，當主菜還是副菜都沒問題。

英式辣味燉肉醬

1/6量的膳食纖維	5.3g	醣類	10.7g	/ 243 kcal

材料 （易於製作的份量、4～6人份）

牛絞肉 … 200g

鷹嘴豆 … 100g

綜合豆（乾燥包）… 100g

洋蔥 … 1顆

Ⓐ 番茄罐頭（切片）… 1罐（400g）

　綠橄欖 … 10顆

　水 … 1/2杯

　高湯粉（雞湯）… 1又1/2大匙

　辣椒粉 … 1小匙

　鹽巴 … 1/2小匙

橄欖油、紅酒 … 各3大匙

鹽巴 … 適量

瘦腸 POINT

豆類

鷹嘴豆、紅腰豆都是富含膳食纖維，能夠帶來飽足感的瘦腸食材，與牛肉、番茄堪稱絕配。

作法

1　洋蔥切成邊長1cm的片狀。

2　將橄欖油倒入鍋中熱油後，倒入絞肉、撒上鹽巴，炒至絞肉一半變色時，就倒入紅酒再炒1分鐘左右。

3　倒入鷹嘴豆、綜合豆與作法1後快速攪拌，拌勻後倒入Ⓐ煮至稍微沸騰，再轉弱火煮8～10分鐘，過程中要記得稍微攪拌，完成後再以鹽巴調味。

熱熱吃或冷冷吃都很美味的西式常備菜型沙拉。
剛做好時就趁熱吃，剩下的等冷卻後再冷藏。

白芝麻柑橘醋涮豬肉

1/6量的膳食纖維	**5.1**g	醣類 **5.9**g	/264 kcal

材料（**4～6人份**）

豬里肌肉片 … 200g
鴻喜菇 … 2 包（240g）
杏鮑菇 … 4 朵（200g）
甜豆 … 20 條

Ⓐ 白芝麻醬、美乃滋、柑橘醋醬油 … 各4大匙
　 薑泥、蒜泥 … 各1/2 小匙

炒熟白芝麻 … 適量

作法

1　豬肉切成 5 ～ 6cm 寬，撥開鴻喜菇，杏鮑菇則切成
　偏細的不規則狀。

2　將鴻喜菇與杏鮑菇放到耐熱盤，覆蓋保鮮膜，用微
　波爐加熱 5 ～ 6 分鐘，稍微清除多餘的水分。甜豆
　用鹽水汆燙約 1 分鐘撈起，將豬肉倒進同一鍋水後
　關火，放到肉熟透變色後再撈起。

3　將Ⓐ倒入碗中攪拌後，再倒入 **2** 一起拌勻放進保鮮
　盒，最後撒上白芝麻，即完成。

瘦腸
POINT

白芝麻

芝麻含有優質的油分與植化
素，是非常建議攝取的優良
食材。沒有白芝麻醬的話可
改用磨過的白芝麻，用量比
照辦理！

這是夏威夷的家常菜。酪梨煮太軟的話，
攪拌時容易爛掉且不利保存，建議料理時保留一點硬度。

夏威夷生鮪魚

1/6量的膳食纖維	**3.7**g	醣類	**5.5**g	/188 kcal

材料　（易於製作的份量、4～6 人份）

鮪魚（生魚片專用）… 200g

酪梨 … 2 顆

紫洋蔥 … 1 顆

檸檬切片 … 1/2 顆的量

Ⓐ 醬油、味醂、麻油 … 各1/2 大匙
｜蒜泥 … 1/2 小匙

作法

1　鮪魚與紫洋蔥都切成邊長
　　1cm 的片狀；酪梨縱向切
　　半後去籽、剝皮，再切成邊
　　長 1cm 的塊狀。放入檸檬切
　　片的同時，要稍微擠出檸檬
　　汁，最後再與酪梨拌在一起。

2　將Ⓐ倒入碗中攪拌後，再倒
　　入作法 **1** 繼續拌勻，即完成。

瘦腸
POINT

鮪魚 & 酪梨

將控醣飲食的強大夥伴
——高蛋白質的紅肉
鮪魚，與富含維生素 E
（能夠防止腸內細菌老
化）的酪梨搭在一起。

將熱水淋在牛肉上，能去除多餘肉渣，享受滑嫩清爽的滋味！

濃醇鹽煮牛肉蒟蒻絲

材料（易於製作的份量、4～6 人份）

切邊牛肉 … 200g
蒟蒻絲 … 400g
板豆腐 … 1 盒（300g）
蔥 … 1 支

Ⓐ 高湯 … 4 杯
　 薑絲 … 30g
　 鹽麴 … 3 大匙
　 薄口醬油、味醂 … 各 2 大匙

鹽巴、七味粉 … 各適量

作法

1　用熱水淋在牛肉上使表面變色，接著用冷水稍微冰鎮後瀝乾；蒟蒻絲稍微切開後，水煮 1 分鐘再瀝乾；豆腐去除多餘水分後切成大塊；蔥則斜切成 1cm 的蔥花。

2　將 Ⓐ 倒入鍋中煮到稍微沸騰後，再添加牛肉、蒟蒻絲與豆腐，以弱火煮 10 分鐘左右，加蔥後再多煮 2～3 分鐘即可用鹽巴調味。等要吃的時候，再撒上七味粉即可。

瘦腸
POINT

蒟蒻絲

富含膳食纖維的蒟蒻絲幾乎不含醣類，就算買到的蒟蒻絲已事前煮熟，再燙一次會更加美味，所以請別省略這道步驟。

1/6 量的膳食纖維	醣類	
2.7g	**8.4g**	/186 kcal

鍋類、有豐富食材的湯品

豐富蔬菜的鍋類或湯品相當有飽足感，是減重時的好朋友！
這裡要介紹的鍋類與湯品，都是使用發酵食品與瘦腸食材，能
夠幫助大家瘦得健康。

可以用鱈魚或蛤蠣代替鮭魚！

瘦腸泡菜鮭魚鍋

1人份 膳食纖維 **9.9**g	醣類 **21.2**g / 480 kcal

材料 （2人份）

鮭魚（切片）… 2 片

嫩豆腐 … 200g

蔥 … 1 支

舞菇 … 1 包（120g）

鮮香菇 … 4 朵

納豆 … 1 包

蛋 … 1 顆

Ⓐ 水 … 2 杯

味噌 … 3 大匙

韓式辣椒醬、料理酒 … 各 2 大匙

蒜泥、薑泥 … 各 1/2 小匙

七味粉、麻油 … 各適量

瘦腸
POINT

鮭魚

一般泡菜鍋都使用豬肉，這裡改用富含 ω-3 等的鮭魚，與發酵食品泡菜＆納豆一起帶來絕佳的瘦腸效果！

作法

1　鮭魚片切半，豆腐去除水分後，切成易於食用的大小；蔥切成 4～5cm 長後，在表面輕劃斜切痕；舞菇大略撥開；再將香菇蒂頭切掉後，切成一半。

2　將Ⓐ倒入鍋中煮到稍微沸騰後，倒入鮭魚與豆腐再蓋上鍋蓋，以弱火煮 5 分鐘左右後再倒入蔥、舞菇與香菇，接著蓋上鍋蓋續煮 5 分鐘。

3　加入納豆後再打入一顆蛋，淋上麻油，最後撒上七味粉即完成。

瘦腸
POINT

青紫蘇、薑

使用日式香草青紫蘇與薑,能夠溫
暖身體,讓腸道更有活力。稍嫌不
好咬的雞胸肉選用絞肉,捏成雞肉
丸就非常好吃,不必在意口感的問
題。雞肉丸放入冷凍可保存 2 ～ 3
週,不妨一口氣做兩倍的量起來放。

用雞汁與香料蔬菜，打造出令人欲罷不能的美味鍋物

雞肉丸香料蔬菜鍋

| 1人份
膳食纖維 | **3.2**g | 醣
類 | **6.3**g | / 251 kcal |

材料 （2人份）

雞胸絞肉 … 200g

小松菜 … 150g

豆芽菜 … 1/2 包（100g）

蘘荷 … 3 朵

Ⓐ青紫蘇碎末 … 5 片的量

太白粉 … 2 小匙

料理酒、薑泥 … 各 1 小匙

鹽巴 … 少許

Ⓑ水 … 2 杯

料理酒 … 2 大匙

雞骨高湯 … 1 大匙

麻油 … 2 小匙

薄口醬油 … 1 小匙

鹽巴 … 1/4 小匙

炒熟白芝麻 … 適量

作法

1 將小松菜切成 5 ～ 6cm 長；蘘荷縱切成 4 等份。

2 將絞肉與Ⓐ放進碗裡仔細揉打，再捏成直徑 3 ～ 4cm 的肉丸。

3 將Ⓑ拌在一起稍微煮沸後，就倒入作法 **2** 蓋上鍋蓋，以弱火煮 10 分鐘左右後撈起。

4 放入豆芽菜與小松菜後，蓋上鍋蓋煮 3 分鐘左右，接著倒入蘘荷與剛才撈起的雞肉丸，稍微沸騰一下再撒上芝麻，即完成。

盡情享用帶殼蝦子熬出的誘人湯頭！

泰式酸辣鍋

1人份 膳食纖維	**6.1**g	醣類	**11.9**g	/127kcal

材料 （2人份）

蝦子（草蝦、帶殼）… 8 隻
青花菜 … 150g
甜椒（黃）… 1/2 顆
蘑菇 … 4 朵
香菜 … 5g

Ⓐ 洋蔥泥 … 1 顆
　水 … 1 又 1/2 杯
　魚露、檸檬汁 … 各 2 大匙
　一味粉（或七味粉）、薑泥 … 各 1 小匙
　蒜泥 … 1/2 小匙

瘦腸 POINT

蝦子

美味的泰式酸辣鍋，其實使用的調味料相當少。這道料理的美味關鍵在於，低熱量的控醣好夥伴——蝦子，保留蝦頭的話，蝦的鮮甜味道又會更加強烈。

作法

1 剝去蝦頭後，用竹籤挑出蝦背沙腸；青花菜分成小朵、青椒切成不規則狀、香菜則簡單切一下。

2 將Ⓐ倒入鍋中煮沸一下，倒入蝦子與青花菜並蓋上鍋蓋，用弱火煮約 5 分鐘。

3 加入蘑菇與甜椒後，再蓋上鍋蓋煮約 5 分鐘，香菜則另外盛盤，享用時再一起搭配食用。

關鍵在於蔬菜不要煮太久，保有爽脆的口感

軟嫩雞翅鮮蔬鍋

1人份 膳食纖維	**4.5**g	醣類	**12.1**g / 317 kcal

材料 （2人份）

雞翅 … 6 支（350g）

洋蔥 … 1/2 顆

甜椒（紅）… 1 顆

杏鮑菇 … 2 朵（100g）

芹菜 … 1/2 支（80g）

水煮鵪鶉蛋 … 6 顆

Ⓐ 水 … 3 杯

　高湯粉（雞湯）… 1 大匙

　蒜泥、薑泥 … 各 1/4 小匙

　月桂葉 … 2 片

　鹽巴、胡椒 … 各 1/4 小匙

瘦腸
POINT

杏鮑菇 & 甜椒

用富含膳食纖維的杏鮑菇與甜椒，搭配能夠溫暖腸道的蒜薑，打造出超適合瘦腸的火鍋，湯裡還凝聚了雞肉與蔬菜的精華。放到隔日再食用的話，會更加入味好吃。

作法

1　用叉子在雞翅上數處戳孔；洋蔥切半、甜椒切成 1cm 寬、芹菜切成 5cm 長、杏鮑菇則縱切成 4 等份。

2　將Ⓐ倒入鍋中，稍微煮沸再加入雞翅與洋蔥，接著蓋上鍋蓋以弱火煮 10 分鐘左右。

3　倒入甜椒、杏鮑菇、芹菜與鵪鶉蛋，蓋上鍋蓋煮 5 分鐘左右，即完成。

享用菇類的鮮味與彈性口感！

油豆腐菇菇豬肉鍋

1人份 膳食纖維	**4.5**g	醣 類	**7.8**g	/ 284 kcal

材 料 （2人份）

切邊豬肉 … 100g

油豆腐 … 100g

白蘿蔔 … 100g

蔥 … 1/2 支

滑菇 … 50g

鮮香菇 … 2 朵

青蔥部分的蔥花 … 10g

高湯 … 2又1/2 杯

味噌 … 2又1/2 大匙

橄欖油 … 適量

瘦腸
POINT

菇 類

含醣量少且富含膳食纖
維的菇類，是控醣飲食
的好朋友。豬肉與油豆
腐可以讓湯頭更濃醇，
撈掉肉渣可以讓滋味更
高雅。

作 法

1　較大塊的豬肉要切小；白蘿蔔削皮後切成 5mm 厚
的銀杏狀；蔥切成 1cm 的蔥花。

2　油豆腐切成邊長 1cm 的塊狀後，與滑菇一起水煮 1
分鐘後撈起；香菇切掉蒂頭後，再切成 5mm 厚。

3　將高湯倒入鍋中稍微煮沸，再倒入豬肉與白蘿蔔以
弱火煮 5 分鐘，過程中要一邊撈掉肉渣。

4　加入作法 2 與蔥後煮 5 分鐘左右，倒入味噌溶開，
裝入湯碗後再撒上蔥花，並淋上橄欖油，即完成。

櫻花蝦、味噌與牛奶的搭配，出乎意料的合拍

高麗菜櫻花蝦巧達濃湯

1人份膳食纖維	**7.3**g	醣類	**20.9**g / 300 kcal

材料 （2 人份）

高麗菜 … 1/4 顆（250g）
金針菇 … 1/2 包（100g）
櫻花蝦（乾燥）… 5g
毛豆（冷凍）… 30g（去莢）

Ⓐ 牛奶 … 2 杯
味噌、磨過的白芝麻 … 各 2 又 1/2 大匙

作法

1 毛豆解凍後去莢；高麗菜簡單切碎；金針菇則切成一半的長度。

2 將Ⓐ倒入鍋中稍微沸騰後，倒入高麗菜以弱火煮 6 ～ 8 分鐘直到軟爛。接著倒入金針菇、櫻花蝦與毛豆，煮 2 ～ 3 分鐘，即完成。

瘦腸
POINT

毛豆 & 味噌

以金針菇與毛豆的膳食纖維，與發酵食品味噌一起促進瘦腸效果！牛奶也可依個人口味改成豆漿。這道料理的關鍵，就是要用弱火耐心烹煮。

用低脂的雞里肌肉，搭配燃燒系辛香料！

薑味雞肉咖哩湯

1人份 膳食纖維	**6.6**g	醣 類	**6.7**g	/ 265 kcal

材料 （2人份）

雞里肌肉 … 150g

酪梨 … 1 顆

秋葵 … 6 根

小番茄 … 6 顆

Ⓐ 水 … 2 杯

　高湯粉（雞湯）… 2 小匙

　薑泥 … 1 小匙

　咖哩粉 … 1/2 小匙

　紅辣椒丁 … 1 根的量

　鹽巴 … 少許

用水溶解的太白粉 … 適量
（水：太白粉＝1:1）

瘦腸
POINT

薑 & 辣椒

薑、咖哩與辣椒都屬於燃燒系辛香料，能夠讓身體與腸道都暖洋洋的。酪梨中的維他命 E 能夠防止腸內細菌老化，稍微勾芡除了能增添飽足感外，也讓料理更易入口。

作法

1　雞里肌肉去筋後，切成 1cm 的厚度；酪梨縱向對半切開後，去籽剝皮，接著切成邊長 1.5cm 的塊狀；秋葵去蒂頭，切成不規則狀。

2　將 Ⓐ 倒入鍋中稍微沸騰後，倒入雞里肌肉以弱火煮約 5 分鐘。

3　作法 **2** 倒入酪梨、秋葵與小番茄後煮 5 分鐘，接著以繞圈的方式，倒入用水溶解過的太白粉勾芡，即完成。

COLUMN
瘦腸甜點

接下來要介紹以瘦腸食材製成的甜點，
不僅能夠讓腸道更健康，
還美味得令人欲罷不能。

用優格取代起司，吃起來更清爽！

糙米脆片 提拉米蘇

材料 （易於製作的份量、6 人份）

原味優格… 400g

蛋白… 3 顆的量

香蕉… 1 根

蜂蜜… 2 大匙

Ⓐ 糙米脆片 … 100g

熱開水 … 1/2 杯

蜂蜜 … 2 大匙

即溶咖啡 … 2 小匙

可可粉 … 2 大匙

瘦腸 POINT

糙米脆片

這道提拉米蘇使用了大量富含乳酸菌的優格、具瘦腸效果的香蕉與蜂蜜，鋪在底部的糙米脆片，同時提升了膳食纖維量與口感。最後，再撒上富含多酚的可可粉，大幅增加瘦腸效果！

調理 POINT

瀝乾的優格

這裡的關鍵在於，要把優格的水分瀝乾。只瀝 2～3 小時的話，則應以 3～4 層廚房紙巾包起擰乾水分。去除多餘水分的液體（乳清）凝聚了大量營養，也可用來製作奶昔或搭配營養麥片！

作法

1 將篩子放在碗上，鋪好廚房紙巾後放入優格，接著靜置冰箱半天以上，去除水分。

2 將蛋白倒入碗中，用打泡器打至乾性發泡的程度，再倒入作法 **1** 與蜂蜜後拌勻。

3 將Ⓐ倒入另一個碗中，拌勻後倒在容器上。

4 將香蕉切成 5mm 厚，擺在 **3** 的容器上，接著倒入作法 **2**，最後以濾茶器將可可粉均勻撒在表面，即完成。

濃醇牛奶風味帶來懷舊的好滋味

白玉羊羹

材料 （易於製作的份量、5～6人份）

奶油起司 … 100g
牛奶 … 2 杯
巧克力板片（白巧克力、簡單敲碎）… 1 片（40g）
寒天粉 … 4g
三溫糖 … 3 大匙

作法

1　奶油起司退冰至常溫，藉此軟化；另外隔水加熱融解巧克力板片。

2　將作法 **1** 與三溫糖倒入碗中，以磨碎的方式攪拌。

3　將牛奶倒入小鍋中稍微沸騰後，再加入寒天拌勻，並煮 1 ～ 2 分鐘。接著慢慢倒入作法 **2** 拌勻。

4　倒入邊長 15cm× 高 5cm 的模具中，冷卻後再放入冰箱冷藏 2 小時以上，直到凝固。凝固後脫模，切成易於食用的大小即可。

瘦腸
POINT

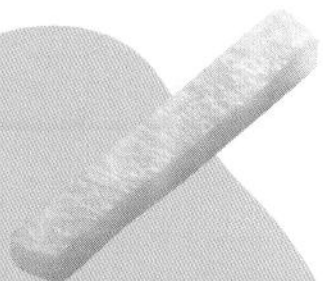

寒天粉

用海藻製成的寒天，是富含膳食纖維的瘦腸食材，搭配牛奶、奶油起司與白巧克力製成的甜點，其實沒有想像中那麼甜。

杏仁巧克力馬芬
➡ p.169

黃豆粉地瓜糕
➡ p.170

使用沒有糖分、香氣滿滿的杏仁粉

杏仁巧克力馬芬

材料　（直徑 7cm× 高 5× 的模具 4 個）

低筋麵粉 … 100g

Ⓐ 杏仁粉 … 100g

發粉（無鋁）… 4g

打散的蛋液 … 2 顆的量

香草精 … 5 ～ 6 滴

三溫糖 … 40g

橄欖油 … 4 大匙

巧克力板片（牛奶、簡單敲碎）… 1 片（50g）

杏仁（簡單敲碎）… 30g

瘦腸
POINT

杏仁粉

富含維生素 E 與礦物質的杏仁，也是很好的瘦腸食材！此外這裡用橄欖油代替奶油，打造出清爽的口感。

作法

1　低筋麵粉先過篩再倒入碗中，完成後倒入 Ⓐ 拌勻。

2　將打散的蛋液、香草精與三溫糖倒入另一個碗中，以磨碎的方式攪拌。攪拌的過程中，慢慢倒入橄欖油，使兩者完全結合。接著分兩次倒入作法 **1**，拌至看不到粉末為止。最後，倒入巧克力與杏仁後稍微攪拌。

3　作法 **2** 放入擠花袋後，在尖端剪出偏大的開口，並擠至模具的七分滿。

4　烤箱用 160 度預熱後烤 25 分鐘，完成後用竹籤刺入蛋糕體，沒有沾黏麵糊的話就代表完成。

用市售冰淇淋輕鬆製作！

黃豆粉地瓜糕

材料（易於製作的份量、12 塊）

地瓜 … 2 小塊（400g）

蛋黃 … 1 顆的量

Ⓐ 香草冰淇淋 … 80g

香草冰淇淋 … 80g
黃豆粉 … 2 大匙
橄欖油 … 1 大匙

作法

1 地瓜削皮後切成 1cm 厚的圓片狀，擺到耐熱盤後再淋上 1 大匙的水，接著覆蓋保鮮膜，用微波爐加熱 5 ～ 6 分鐘。

2 將作法 1 與Ⓐ倒入碗內，用叉子搗碎地瓜，同時拌勻全部食材。

3 做法 2 切成易於食用的大小，再捏成喜歡的形狀，用刷子於表面抹上蛋黃液，放入烤箱中烤 2 ～ 4 分鐘，直到表面出現焦色，即完成。

黃豆粉

富含膳食纖維與寡糖的黃豆粉，搭配同樣有大量膳食纖維的地瓜，有助於改善腸內環境。黃豆粉地瓜糕可以冷凍保存 3 ～ 4 天，所以不妨多做一點。

食材索引

一日三餐瘦腸╳控醣料理

80道提升代謝力及免疫力的美味提案

監　　修｜松生恒夫
料　　理｜YOSHIRO
譯　　者｜黃筱涵
發 行 人｜林隆奮 Frank Lin
社　　長｜蘇國林 Green Su

出版團隊

總 編 輯｜葉怡慧 Carol Yeh
日文主編｜許世璇 Kylie Hsu
企劃編輯｜楊玲宜 ErinYang
責任行銷｜朱韻淑 Vina Ju
封面裝幀｜張克 Craig Chang
版面設計｜黃靖芳 Jing Huang

行銷統籌

業務處長｜吳宗庭 Tim Wu
業務主任｜蘇倍生 Benson Su
業務專員｜鍾依娟 Irina Chung
業務秘書｜陳曉琪 Angel Chen
　　　　　莊皓雯 Gia Chuang

發行公司｜精誠資訊股份有限公司　悅知文化
　　　　　105台北市松山區復興北路99號12樓
訂購專線｜(02) 2719-8811
訂購傳真｜(02) 2719-7980
專屬網址｜http://www.delightpress.com.tw
悅知客服｜cs@delightpress.com.tw
ISBN：978-986-510-023-0
建議售價｜新台幣360元
初版一刷｜2020年02月

國家圖書館出版品預行編目資料

一日三餐瘦腸╳控醣料理：80道提升代謝力
及免疫力的美味提案 / 松生恒夫著; 黃筱涵
譯. -- 初版. -- 臺北市：精誠資訊, 2020.02
176面；17×23公分
ISBN 978-986-510-02-30 (平裝)
1.食譜 2.減重 3.腸道病毒

466.4　　　　　　　　　　　108023403

建議分類｜生活風格‧食譜

原書Staff

營養監修、營養計算｜彌富秀江
料理攝影｜寺澤太郎
擺盤設計｜久保田朋子
料理助手｜近藤綾子、佐伯美穗
主廚經紀人｜葛城嘉紀、鈴木MEGUMI、中村祐菜（OCEAN'S）
拍攝協力｜凧

插畫｜YAMAGUCHIKAYO
採訪、撰文｜平山祐子、石崎良子
執行助理｜坂東璃生、高柳有里
責任編輯｜中野櫻子
編務統籌｜前田起也（主婦之友社）